TRAITÉ

DE

GÉODÉSIE PRATIQUE

Contenant des Méthodes nouvelles, simples et exactes pour la division des superficies agricoles, quelles qu'en soient les irrégularités, suivi : 1° de plusieurs opérations d'arpentage, réduites à leur plus simple expression ; 2° de la manière de planter des arbres en quinconce, de cuber et de convertir les anciennes mesures en nouvelles et réciproquement ; 3° d'une table des racines et de leurs carrés, etc.

A L'USAGE

DES ARPENTEURS, DES INSTITUTEURS, DES PROPRIÉTAIRES ET DES AMATEURS,

Par CHARLES-NICOLAS VACOSSAINT,

Arpenteur-Géomètre, ancien Maître de Pension.

SE VEND :

A Oisemont (Somme), chez l'Auteur. (*Affranchir*).

—

1863.

ABBEVILLE. — TYP. DE P. BRIEZ, RUE DE L'HÔTEL-DE-VILLE, 28.

PRÉFACE.

———

Les traités de Géodésie qui ont paru jusqu'à ce jour, exigent tant de calculs pour la division des champs que bien des Géomètres, appelés pour partager entre plusieurs propriétaires une pièce de terre d'une certaine étendue, sont souvent obligés de retourner chez eux pour faire leurs calculs.

Les recherches sérieuses auxquelles je me suis livré depuis plus de trente années de pratique, m'ont amené à faire des découvertes avantageuses, tant pour la division des terres que pour l'arpentage, et c'est sur les sollicitations de plusieurs Géomètres à qui j'ai communiqué ces découvertes que je me suis décidé à publier ce *Traité de Géodésie pratique*.

Je donne des méthodes simples sur tous les cas qui peuvent se présenter dans la division des triangles, des trapèzes, des quadrilatères et des polygones; pour résoudre toutes les conditions susceptibles d'être imposées par les propriétaires aux arpenteurs dans le cours de leurs opérations.

Je donne quelques démonstrations à l'aide desquelles je suis parvenu à trouver la solution des triangles, des trapèzes et des quadrilatères.

Je donne pour chaque opération le résultat de mes calculs, afin de me rendre clair et entendu des arpenteurs qui n'ont qu'une simple notion de l'arpentage.

Je donne des méthodes abréviatives pour faire des opérations d'arpentage, méthodes qui offrent de grands avantages, surtout lorsqu'on est pressé par le temps.

J'indique la manière de cuber et de planter des arbres en quinconce.

Je donne à la fin du volume une table des carrés et de leurs racines. Cette table présente des avantages incontestables et une grande économie de temps, lorsqu'on opère sur le terrain.

Je donne enfin la manière de convertir: 1° les anciennes mesures en mesures métriques, et réciproquement; 2° la chaîne locale en mesure métrique.

Etre utile à mes confrères, aux instituteurs, aux propriétaires et aux amateurs, tel est le but que je me propose en publiant cet opuscule, et je m'estimerai heureux si je puis obtenir leurs suffrages.

EXPLICATION

DES SIGNES NUMÉRIQUES

Dont on fera usage dans cet Ouvrage

Le signe ($+$) qu'on énonce *plus*, placé entre deux quantités, signifie qu'on doit en faire le total.

Ainsi, $7 + 8$ indique la somme de 15 qui résulte de la première quantité ajoutée à la deuxième.

Le signe ($-$) qu'on énonce *moins*, sert à exprimer la différence de deux quantités.

Ainsi, $15 - 10 = 5$, le nombre 5 marque la différence entre ces deux quantités.

On fait usage du signe ($\times$) qu'on énonce *multiplié par*, pour exprimer le produit de deux quantités, ou d'un point qu'on place entre les deux quantités.

Exemple : 7×8 ou $7 \cdot 8$.

Lorsqu'il s'agit d'indiquer la division de deux quantités, on se sert du signe ($:$) qu'on énonce *divisé par*, ou l'on place ces deux quantités l'une sous l'autre, en les séparant par un trait horizontal.

Exemple : $56 : 8$ ou $\dfrac{56}{8}$

Le signe ($=$) qui signifie *égal*, placé entre deux quantités, indique qu'elles sont égales.

Exemple : $(20 + 4 - 9) = (30 - 20 + 5)$.

Le signe ($\sqrt{}$) qu'on énonce *radical*, sert à indiquer une racine carrée à extraire.

Exemple : $\sqrt{4586}$ (4586 représente la racine carrée à extraire).

TRAITÉ

DE

GÉODÉSIE PRATIQUE

Fɪɢ. Iʳᵉ. — On propose de diviser en quatre parties inégales et en lignes proportionnelles le trapèze A B C D d'une superficie de 2ʰ 00ᵃ 00ᶜ.

La première part est de.	0ʰ 40ᵃ 00ᶜ
La deuxième de.	0 50 00
La troisième de.	0 80 00
Et la quatrième de	0 30 00
Total égal. . . .	2ʰ 00ᵃ 00ᶜ

1. Pour arriver à ce partage, on divisera la surface que l'on voudra prendre, par la surface totale du trapèze. Le quotient sera le rapport géodésique, qu'on multipliera par les deux côtés parallèles ; le produit indique la quantité de mètres à prendre sur chacun de ces côtés.

Calcul de la première part.

1° On divisera la surface à prendre 40ᵃ 00ᶜ par 2ʰ 00ᵃ 00ᶜ, le quotient sera de. 0ᵐ,20

2° En multipliant ce nombre 0,2, qui est le rapport géodésique, par le côté A B, on aura la hauteur A *h* de 12ᵐ,00

En le multipliant par le côté B C, on a la hauteur B *e* de. 28ᵐ,00

Calcul de la deuxième part.

1º On divisera la surface à prendre 50ª 00ᶜ par 2ʰ 00ª 00ᶜ, et l'on aura un quotient de. 0ᵐ,25

2º En multipliant ce nombre 0,25, qui est le rapport géodésique, par la perpendiculaire A D, on aura la hauteur *h i* de. 15ᵐ,00

En le multipliant par la perpendiculaire B C, on aura la hauteur *e f* de. 35ᵐ,00

Calcul de la troisième part.

1º On divisera la surface à prendre 80ª 00ᶜ par 2ʰ 00ª 00ᶜ, et le quotient sera de. 0ᵐ,40

2º En multipliant ce rapport géodésique 0,40 par A D, on aura la hauteur *i j* de. 24ᵐ,00

En le multipliant par B C, on aura la hauteur de *f g* de 56ᵐ,00

Calcul de la quatrième part.

1º On divisera la surface à prendre 30ª 00ᶜ par 2ʰ 00ª 00ᶜ, et le quotient sera de. 0ᵐ,15

2º En multipliant ce rapport géodésique 0,15 par A D, on aura la hauteur de *j* D, égale à. 9ᵐ,00

En le multipliant par B C, on aura la hauteur *g* C de. 21ᵐ,00

On voit que toutes les lignes de division sont proportionnelles, puisque le produit des extrêmes est égal au produit des moyens.

Exemple :

$$12,0 : 60,0 :: 28,0 : 140,0$$
$$12,0 : 15,0 :: 28,0 : 35,0$$
$$15,0 : 24,0 :: 35,0 : 56,0$$
$$24,0 : 9,0 :: 56,0 : 21,0$$

Fɪɢ. 11. — On propose de diviser le trapèze A B C D en trois parties inégales par des lignes parallèles entr'elles.

Avant de procéder à cette division, on terminera le trapèze en un triangle par le prolongement des côtés A B et C D jusqu'à leur rencontre en E.

Soit :

La base A B de. . . . . 309^m,5
La perpendiculaire B C de. . . . . 245^m,7
La perpendiculaire A D de. . . . . 60^m,0
La différence des perpendiculaires B C et
   A D de. . . . . 185^m,7

On calculera la surface du trapèze qu'on trouvera de 4ʰ 73ᵃ 07ᶜ 07.

Ce trapèze doit être divisé par des lignes parallèles au côté B C, de manière qué la première part, à partir du côté A D, soit de. 1ʰ 01ᵃ 67ᶜ 07
La deuxième de. 1 66 00 425
Et la troisième de 2 05 39 575
            Total égal. 4ʰ 73ᵃ 07ᶜ 07

On trouve la longueur du prolongement A E de deux manières :

2. 1º On peut regarder la perpendiculaire A D comme le résultat d'une multiplication dont les deux facteurs sont inconnus.

Pour trouver le premier, il faut faire la différence des deux côtés parallèles B C et A D, qui est ici de 185^m,7. On la divisera par la base A B de 309^m,5, et l'on aura un quotient de 0^m,6, qui sera l'un des facteurs.

Quand on connaît le produit d'une multiplication et l'un des facteurs, on trouve l'autre facteur en divisant ce produit par le facteur.

Ainsi, en divisant la perpendiculaire ou le côté A B de 60^m,0 par 0^m,6, on aura un quotient de 100^m,0, représentant tout à la fois l'autre facteur et la longueur du prolongement A B en E.

3. On arrive au même résultat par la proportion suivante : la différence des hauteurs B C et A D est à A D comme A B est à A E.

Exemple :

$$185,7 : 60,0 :: 309,5 : x = \frac{309,5 \times 60,0}{185,7} = 100^{\mathrm{m}},0$$

3° On trouve la longueur du prolongement D E par la même proportion :

$$185,7 : 60,0 :: 360,9 : x = \frac{360,9 \times 60,0}{185,7} = 116^{\mathrm{m}},6$$

4. On trouvera également l'hypothénuse du triangle A E D de 116,6, en élevant au carré : 1° la longueur du prolongement A E, 2° et la hauteur de la perpendiculaire A D de 60,0 ; on fera la somme des deux produits, on en extraira la racine carrée, et la racine représentera l'hypothénuse ou la longueur du prolongement du côté C D en E.

Calcul de la première part de A D f g.

5. 1° On calculera la surface du triangle extérieur négatif A E D qu'on trouvera être de. 0ʰ 30ᵃ 00ᶜ

2° A laquelle on ajoutera la surface du trapèze, qui est de. 4 73 07 07

Total. 5ʰ 03ᵃ 07ᶜ 07

3° A la surface du triangle A E D de 0ʰ 30ᵃ 00ᶜ

on ajoutera la première part de. 1 01 07 07

Ensemble. 1ʰ 31ᵃ 07ᶜ 07

4° On divisera la surface à prendre 1ʰ 31ᵃ 07ᶜ 07 par la surface totale de 5ʰ 03ᵃ 07ᶜ 07, et l'on aura un quotient de. . 0,26173398

5° On extraira la racine carrée de ce quotient, et l'on aura le rapport géodésique de. 0,5116

6° En multipliant ce rapport par E A B, l'égal à 409ᵐ,5, on aura E *g* de 209ᵐ,5

D'où ôtant A E, égal à 100ᵐ,0, il restera A *g* de. . . 109ᵐ,5

7° En multipliant ce même rapport par E D C, égal à $477^m,5$, on aura E f de. . . . . $244^m,3$

D'où ôtant E D de $116^m,6$, il restera D f qui sera de. $127^m,7$

Calcul de la seconde part f g h i.

1° A la surface du triangle A E D de. . . . $0^h 30^a 00^c$

on ajoutera les deux premières parts de. . . . $2\ 67\ 67\ 495$

Total. . . . . . $2^h 97^a 67^c 495$

2° On le divisera également par la surface totale, et l'on aura un quotient de. . . . . $0,59171593$

3° On extraira la racine carrée de ce résultat, et l'on aura le rapport géodésique de. . . . . $0,76923$

4° En multipliant ce rapport par E A B, on aura E i de. $315^m,0$

D'où ôtant E g, égal à $209,5$, il restera $g\ i$, égal à. . $105^m,5$

En le multipliant par E D C, on aura E h de. . . . $367^m,3$

D'où ôtant E f de $244^m,3$, il restera $f h$ de. . . . $123^m,0$

5° Pour avoir la hauteur des perpendiculaires $f\ g$, $h\ i$, il faut multiplier la perpendiculaire B C par le rapport géodésique de chaque part.

EXEMPLE :

$245,7 \times 0,5116 = 125^m,7$, hauteur de la perpendiculaire $f\ g$.

$245,7 \times 0,76923 = 189^m,0$, hauteur de la perpendiculaire $h\ i$.

Preuve de la division des parcelles.

1° $\dfrac{60,0 + 125,7 \times 109,5}{2}$ . . . . $= 1^h 01^a 67^c 07$

2° $\dfrac{125,7 + 189,0 \times 105,5}{2}$ . . . . $= 1\ 66\ 00\ 425$

3° $\dfrac{189,0 + 246,7 \times 94,5}{2}$ . . . . $= 2\ 05\ 39\ 575$

Total égal. . . . . . . $4^h 73^a 07^c 07$

Fɪɢ. III.— Diviser en cinq parties égales le quadrilatère A B C D d'une surface de 2ʰ 03ᵃ 32ᶜ, dont le cinquième est de 40ᵃ 66ᶜ 4, par des lignes parallèles au côté B C.

Avant de faire cette division, on terminera ce quadrilatère en un triangle, comme il est démontré au nᵒ 2.

On se rappellera la formule nᵒ 5, qui indique la manière d'opérer pour cela ; on se dispensera donc de la répéter ici.

Pour faire à l'avenir les divisions, on se bornera à indiquer les opérations à faire, telles que divisions, multiplications et extractions de la racine carrée, pour éviter les répétitions.

Soɪution.

On calculera la surface du triangle extérieur négatif A E D, qui
sera de. 0ʰ 88ᵃ 25ᶜ
à laquelle on ajoutera celle du quadrilatère A B C D de.   2 03 32

Total. 2ʰ 91ᵃ 57ᶜ

Calcul de la première part A E f j.

Il faut rapporter la surface du triangle A E D qui
est de. 0ʰ 88ᵃ 25ᶜ
à laquelle on ajoute la première part de. 0 40 66 4

1ʰ 28ᵃ 91ᶜ 4

$$\frac{128,914}{291,57} = 0,44213739.$$

$\sqrt{0,442137} = 0,66493$, premier rapport géodésique.

E A de 180,1 + A B de 143,9 = 324ᵐ,0.
E D de 187,7 + D C de 157,0 = 344ᵐ,7.

324,0 × 0,66493 = 215ᵐ,44, d'où ôtant A E égal à 180ᵐ,1, il restera 35ᵐ,34, distance de A à *f.*

344,7 × 0,66493 = 229ᵐ,3, d'où ôtant E D égal à 187ᵐ,7, il restera 41ᵐ,5, distance de D à *j.*

Calcul de la deuxième part.

A la surface du triangle A E D de. . . . . . . $0^h\ 88^a\ 25^c$
on ajoutera. . . . . $0\ 81\ 32\ 8$
comprenant les deux premières parts.
____
$1^h\ 69^a\ 57^c\ 8$

$$\frac{169,578}{291,57} = 0,581603.$$

$\sqrt{0,581603} = 0,76262$, deuxième rapport géodésique.

$324,0 \times 0,76262 = 247^m,09$, d'où ôtant E f de 215^m44, il restera $31^m,65$, distance de f à g.

$344,7 \times 0,76262 = 262^m,87$, d'où retranchant E j de $229^m,2$, il restera $33^m,67$, distance de j à k.

Calcul de la troisième part.

A la surface du triangle A E D de. . . . . . . $0_h\ 88^a\ 25^c$
on ajoutera. . . . . $1\ 21\ 99\ 2$
représentant les trois premières parts.
____
$2^h\ 10^a\ 24^c\ 2$

$$\frac{210,242}{291,57} = 0,721068.$$

$\sqrt{0,721068} = 0,84915$, troisième rapport géodésique.

$324,0 \times 0,84915 = 275^m,12$, d'où ôtant E g de $247^m,09$, il restera $28^m,03$, distance de g à h.

$344,7 \times 0,84915 = 292^m,70$, d'où retranchant E k de $262^m,87$, il restera $29^m,83$, distance de k à l.

Calcul de la quatrième part.

A la surface du triangle A E D de. . . . . . . $0^h\ 88^a\ 25^c$
on ajoutera les quatre premières parts de . . . . . $1\ 62\ 65\ 6$
____
$2^h\ 50^c\ 90^c\ 6$

2

$$\frac{250,906}{291,57} \qquad 0,860534.$$

$\sqrt{0,860534} = 0,92765$, quatrième rapport géodésique.

$324,0 \times 0,92765 = 300^m,55$, d'où retranchant E h de $275^m,12$, il restera $25^m,43$, distance de h à i.

$344,7 \times 0,92765 = 319^m,76$, d'où ôtant E l de $292^m,70$, il restera $27^m,06$, distance de l à m.

Cinquième et dernière division.

Si de la base égale à $324^m,0$, on retranche E i de $300^m,55$, il restera $23^m,45$, distance de i à B.

En ôtant E m égal à $319^m,76$ de $344^m,7$, il restera $24^m,94$, représentant la distance de m à C.

Fig. IV.— On propose de diviser le pentagone A B C D E d'une surface de 2^h 76^a 25^c, en sept parties, par des lignes parallèles à une perpendiculaire abaissée du sommet de l'angle E sur la base A B en G, de manière que la première part, à partir de l'angle A,

	h	a	c
soit de	0	40	66
La deuxième de	0	40	66
La troisième de	0	40	66
La quatrième de.	0	40	66
La cinquième de.	0	40	66
La sixième de.	0	40	66
Et la septième, vers l'angle B, de.	0	32	29
Total des parts. . .	2	76	25

Avant de procéder à cette division, on abaissera, du sommet des angles C D E sur la base A B, les perpendiculaires E F, D G et C H, puis on terminera les quadrilatères A E, D G, B C D G en deux triangles, comme il est indiqué au n° 2.

Ensuite, on calculera la surface du quadrilatère A E D G, qu'on trouvera de 1ᵇ 34ᵃ 25ᶜ

Et celle du quadrilatère B C D G qui sera de. . 1 42 00

Total égal. 2ᵇ 76ᵃ 25ᶜ

Calcul de la première part à partir de A E.

1° On calculera la surface du triangle auxiliaire A H E qu'on trouvera de 1ᵇ 77ᵃ 72ᶜ

2° A laquelle on ajoutera celle du quadrilatère A E D G de. 1 34 25

Total. 3ᵇ 11ᵃ 97ᶜ

3° A la surface du triangle A H E de 1ᵇ 77ᵃ 72ᶜ

on ajoutera la première part de. 0 40 66

Total. 2ᵇ 18ᵃ 38ᶜ

On opérera suivant ce qui est démontré au n° 5, paragraphe 4.

4° $\dfrac{218,38}{311,97} = 0,700000.$

5° $\sqrt{0,700000} = 0,8366$, premier rapport géodésique.

H A de 394ᵐ,94 + A G de 125ᵐ,0 = 519ᵐ,94.

H E de 400ᵐ,19 + E D de 133ᵐ,4 = 533ᵐ,59.

6° 519,94 × 0,8366 = 434ᵐ,98, d'où ôtant H A égal à 394ᵐ,94, il restera 40ᵐ,04, distance de A à *j*.

7° 533,59 × 0,8366 = 446ᵐ,40, d'où retranchant H E égal à 400ᵐ,19, il restera 46ᵐ,21, distance de E à *q*.

Calcul de la deuxième part.

1° A la surface du triangle A H E de 1ᵇ 77ᵃ 72ᶜ

2° On ajoutera celle de. 0 81 32

formant les deux premières parts. 2ᵇ 59ᵃ 04ᶜ

3º $\dfrac{259,04}{311,97} = 0,830336.$

4º $\sqrt{0,830336} = 0,9112$, deuxième rapport géodésique.

5º 519,94 × 0,9112 = 473ᵐ,77, d'où ôtant H j de 434ᵐ,98, il restera 38ᵐ,79, distance de j à k.

6º 533,59 × 0,9112 = 486ᵐ,20, d'où retranchant H q de 446ᵐ,40, il restera 39ᵐ,8, distance de q à r.

Calcul de la troisième part.

1º A la surface du triangle A H E de 1ʰ 77ᵃ 72ᶜ

2º On ajoutera celle de 1 21 98
représentant les trois premières parts.

2ʰ 99ᵃ 70ᶜ

3º $\dfrac{279,70}{311,97} = 0,960669.$

4º $\sqrt{0,960669} = 0,9801$, troisième rapport géodésique.

5º 519,94 × 0,9801 = 509ᵐ,59, d'où ôtant H k de 473ᵐ,77, il restera 35ᵐ,82, distance de k à l.

6º 533,59 × 0,9801 = 522ᵐ,97, d'où retranchant H r de 486ᵐ,20, il restera 36ᵐ,77, distance de r à s.

Nota.— On voit qu'il reste 12ᵃ 27ᶜ dans le quadrilatère ci-dessus A E D G de 1ʰ 34ᵃ 25ᶜ, et qu'il faut prendre dans le quadrilatère B C D G une surface de 28ᵃ 39ᶜ pour former la quatrième part.

Calcul de la quatrième part.

1º On calculera la surface du triangle extérieur négatif B I C, qu'on trouvera de. 1ʰ 10ᵃ 00ᶜ

2º A laquelle on ajoutera celle du quadrilatère B C D G de. 1 42 00

Total. 2ʰ 52ᵃ 00ᶜ

3º A la surface du triangle B I C de. 1ʰ 10ᵃ 00ᶜ
on ajoutera celle de 1 13 61
____
2ʰ 23ᵃ 61ᵉ

Cet 1ʰ 13ᵃ 61ᶜ forme la différence entre 1ʰ 42ᵃ plus haut et 28ᵃ 39ᶜ, qu'on prend pour compléter la quatrième part.

4º $\dfrac{223,61}{252,00} = 0,887341.$

5º $\sqrt{0,887341} = 0,942$, quatrième rapport géodésique

G B de 145ᵐ,0 + B I de 275ᵐ,0 = 420ᵐ,0.
D C de 145ᵐ,6 + C I de 291ᵐ,2 = 436ᵐ,8.

6º 420,0 × 0,942 = 395ᵐ,61, lesquels retranchés de I G égal à 420ᵐ,0, il reste 24ᵐ,36, distance de G à *n*.

7º 436,8 × 0,942 = 411ᵐ,46, lesquels retranchés de I D égal à 436ᵐ,8, il reste 25ᵐ,34, distance de D à *t*.

Calcul de la cinquième part.

1º A la surface du triangle B I C de. 1ʰ 10ᵃ 00ᶜ
2º On ajoutera celle de. 0 72 95
____
1ʰ 82ᵃ 95ᶜ

Ces 72ᵃ 95ᶜ forment la différence entre 1ʰ 42ᵃ 00ᶜ et 69ᵃ 05ᶜ.

Les 69ᵃ 05ᶜ viennent des 28ᵃ 39ᶜ plus haut, et de 40ᵃ 66ᶜ représentant la cinquième part.

3º $\dfrac{182,95}{252,00} = 0,725992.$

4º $\sqrt{0,725992} = 0,8521$, cinquième rapport géodésique.

5º 420,0 × 0,8521 = 357ᵐ,88, lesquels retranchés de G B I égal à 420ᵐ,0, il restera 62ᵐ,12; d'où ôtant G *n* de 24ᵐ,36, il restera 37ᵐ,76, qu'on portera de *n* à *o*.

6º 436,8 × 0,8521 = 372ᵐ,19, lesquels ôtés de D C I égal à 436ᵐ,80, il restera 64ᵐ,61; d'où retranchant D *t* de 25ᵐ,24, il restera 39ᵐ,27, qu'on portera de *t* à *u*.

Calcul de la sixième part.

1° A la surface du triangle B I C de. 1ʰ 40ᵃ 00ᶜ
2° On ajoutera celle de 0 32 29
                                            ____
                                            1ʰ 42ᵃ 29ᶜ

Ces 32ᵃ 29ᶜ font la différence entre 1ʰ 42ᵃ 00ᶜ et 1ʰ 09ᵃ 71ᶜ.

Les 1ʰ 09ᵃ 71ᶜ comprennent partie de la quatrième part, plus la cinquième part et la sixième.

$$3° \quad \frac{142,29}{252,00} = 0,564643.$$

4° $\sqrt{0,564643} = 0,7514$, sixième rapport géodésique.

5° $420,0 \times 0,7514 = 315^m,59$, lesquels ôtés de G B I de $420^m,0$, il restera $104^m,41$; d'où retranchant G o de $62^m,12$, il restera $42^m,29$, distance de o à p.

6° $436,8 \times 0,7514 = 328^m,21$, lesquels ôtés de D C I égal à $436^m,8$, il restera $108^m,59$; d'où retranchant D u de $64^m,61$, il restera $43^m,98$, qu'on portera de u à v.

On voit que la dernière part est de 32ᵃ 29ᶜ, que la distance de p à B est de $40^m,59$ sur la base A B, et qu'elle est de $37^m,01$, v à C, sur le côté C D.

Fɪɢ. V.   *Preuve de la figure III.*

6. Pour faire cette preuve, il faut abaisser des perpendiculaires sur tous les angles et connaître la distance de chacune d'elles sans le secours de l'équerre. Il s'agit donc de trouver un rapport entre la base du trapèze E F C D et l'hypothénuse. Pour y arriver, on divisera la base par l'hypothénuse. Le quotient indiquera ce rapport.

Eˣᴇᴍᴘʟᴇ :

$$\frac{133,9}{157,0} = 0,8529.$$

Pour trouver la distance d'une perpendiculaire à une autre, on multipliera ce rapport par chaque division. Le produit représentera cette distance.

EXEMPLE :

1re parcelle. . . . $24^m,94 \times 0,8529 = 21^m,27$, distance de F à n.
2e   — $27^m,06 \times 0,8529 = 23^m,08$,   —   de l à n.
3e   — $29^m,83 \times 0,8529 = 25^m,44$,   —   de j à l.
4e   — $33^m,67 \times 0,8529 = 28^m,72$,   —   de h à j.
5e   — $41^m,50 \times 0,8529 = 35^m,39$,   —   de E à h.

Total égal.   . $133^m,9$

7. Pour trouver la hauteur des perpendiculaires, il faut d'abord faire la différence des deux côtés parallèles, ensuite la diviser par la base du trapèze, le quotient indiquera ce rapport. On le multipliera par la distance de chaque perpendiculaire parcellaire. On ajoutera au produit la hauteur de la perpendiculaire D E, égale à $98^m,0$, et l'on aura la hauteur de la perpendiculaire qu'on veut obtenir.

EXEMPLE :

La perpendiculaire C F est de. . . . . . $180^m,0$
Celle D E de. . . . . $98^m,0$

Différence. . . . . $82^m,0$

$$\frac{82,0}{133,9} = 0,6124, \text{ rapport.}$$

$35,39 \times 0,6124 = 21^m,67 + 98^m,0 = 119^m,67$, hauteur de la perpendiculaire $g\,h$.

$(35,39 + 28,72) \times 0,6124 = 39^m,26 + 98^m,0 = 137^m,26$, hauteur de la perpendiculaire $i\,j$.

$(35,39 + 28,72 + 25,44) \times 0,6124 = 54^m,84 + 98^m,0 = 152^m,84$, hauteur de la perpendiculaire $k\,l$.

$(35,39 + 28,72 + 25,44 + 23,08) \times 0,6124 = 68^m,97 + 98^m,0 = 166^m,97$, hauteur de la perpendiculaire $m\,n$.

$21,27 \times 0,6124 = 13^m,03 + 166^m,97 = 180^m,0$, hauteur de la perpendiculaire C F.

Calcul de chaque parcelle.

$$1^o \begin{cases} A \dfrac{180,0 \times 30,0}{2} = \ldots \quad 27^a\,00^c \\[2em] B \dfrac{166,97 + 180,0 \times 21^m,27}{2} = \ldots \quad 36\ 89 \end{cases}$$

$$\overline{\qquad\qquad 63\ 89}$$

En retr. $\dfrac{166,97 \times 27,82}{2}$ (tr. du n° 2) . 23 23

Il reste. . . . 40 66 ci. 40ᵃ 66ᶜ 0

$$2^o \begin{cases} A \dfrac{166,97 \times 27,82}{2} = \ldots \quad 23\ 23 \\[2em] B \dfrac{(166,97 + 152,84) \times 23^m,08}{2} = \ldots \quad 36\ 905 \end{cases}$$

$$\overline{\qquad\qquad 60\ 135}$$

Il faut retr. $\dfrac{152,84 \times 25,47}{2}$ (triangle A du n° 3) 19 46

Il reste. . . . 40 675 ci. 40 67 5

$$3^o \begin{cases} A \dfrac{152,84 \times 25,47}{2} = \ldots \quad 19\ 46 \\[2em] B \dfrac{(152,84 + 137,26) \times 25^m,44}{2} = \ldots \quad 36\ 90 \end{cases}$$

$$\overline{\qquad\qquad 56\ 36}$$

A retrancher $\dfrac{137,26 \times 22,88}{2}$ (triangle A du n° 4) 15 70

Il reste. . . . 40 66 ci. 40 66 0

A reporter. 1ʰ 21ᵃ 99ᶜ 5

$$\text{Report.} \quad \ldots \quad 1^h\,21^a\,99^c,5$$

$$4° \begin{cases} A \quad \dfrac{137,26 \times 22,88}{2} = \ldots \quad 15\ 70 \\[2em] B \quad \dfrac{(137,26 + 119,67) \times 28^m,72}{2} = \ldots \quad 36\ 895 \end{cases}$$

$$52\ 595$$

A retrancher $\dfrac{119,67 \times 19,95}{2}$ (triangle A

du n° 5) 11 935

$$\text{Il reste} \quad \ldots \quad 40\ 66 \quad \text{ci.} \quad 40\ 66\ 0$$

$$5° \begin{cases} A \quad \dfrac{119,67 \times 19,95}{2} = \ldots \quad 11\ 935 \\[2em] B \quad \dfrac{(119,67 + 98,0) \times 35^m,39}{2} = \ldots \quad 38\ 53 \end{cases}$$

$$50\ 465$$

A retrancher $\dfrac{98,0 \times 20,0}{2}$ (triangle C

emprunt) 9 80

$$\text{Il reste} \quad \ldots \quad 40\ 665 \quad \text{ci.} \quad 40\ 66\ 5$$

$$\text{Total égal.} \quad \ldots \quad 2^h\,03^a\,32^c$$

Fig. VI. — On propose de diviser en cinq parties égales le quadrilatère A B C D de la surface de $2^h\,03^a\,32^c$, de manière que le côté C D soit partagé en progression arithmétique, soit :

La base A B de. . . . . 143^m,9
Le segment B F de. . . . . 30^m,0
Le segment auxiliaire A E de . . . 20^m,0
La perpendiculaire D E de . . . . 98^m,0
Et la perpendiculaire C F de. . . . 180^m,0

8. La progression arithmétique est une suite de termes dont chacun surpasse celui qui le précède ou qui en est précédé de la même quantité.

3

Par exemple, cette suite $\div$ 1 . 3 . 5 . 7 . 9 . 11 . 13 . 15 . 17 est une progression arithmétique, parce que chaque terme y surpasse celui qui le précède de la même quantité qui est ici de 2.

Les deux points séparés par une barre qu'on voit ici à la tête de la progression sont destinés à marquer qu'en énonçant cette progression, on doit répéter deux fois chaque terme, excepté le premier et le dernier; de cette manière 1 est à 3, comme 3 est à 5, comme 5 est à 7, comme 7 est à 9, etc.

Il est facile de voir que le second terme est formé du premier, plus la raison.

Que le troisième terme est formé du deuxième, plus la raison, ou bien du premier, plus deux fois la raison.

Que le quatrième terme est formé du troisième, plus la raison, ou du premier, plus trois fois la raison, ainsi de suite.

La progression est dite croissante ou décroissante, selon que les termes vont en augmentant ou en diminuant.

9. Comme on veut diviser le quadrilatère ci-dessus en cinq parties égales, la proportion arithméthique est au nombre de cinq termes qui sont $\div$ 1 . 2 . 3 . 4 . 5 ; ensemble, 15.

10. Pour partager le côté C D, comme il a été dit plus haut, on divisera la surface qu'on voudra prendre, par la perpendiculaire la plus élevé qui est ici de 180^{m},0.

EXEMPLE :

$$\frac{40,644}{180,0} = 22^{\mathrm{m}},7.$$

Comme il y a cinq portions, on multipliera 22^{m},7 par 5, et l'on aura un produit de. . . . . 113^{m},5

L'hypothénuse C D étant de. . . . . 157^{m},0

Il y a une différence en plus. . 43^{m},5

Les cinq termes de la progression arithmétique représentant un total de 15, on divisera les 43^{m},5 par 15, et l'on aura un quotient de $2^m,9$, que l'on ajoutera à chaque division parcellaire, ainsi qu'il suit :

   1º $22^m,7 + 2^m,9 = 25^m,6$, distance de C à *j*.
   2º $25^m,6 + 2^m,9 = 28^m,5$,   —   de *j* à *i*.
   3º $28^m,5 + 2^m,9 = 31^m,4$,   —   de *i* à *h*.
   4º $31^m,3 + 2^m,9 = 34^m,3$,   —   de *g* à *h*.
   5º $34^m,3 + 2^m,9 = 27^m,2$,   —   de D à *g*.
          Total égal.   . $157^m,0$

Pour trouver la distance des perpendiculaires, il faut opérer comme il est indiqué au nº 6.

Exemple :

$$\frac{133,9}{167,0} = 0,8529.$$

   1º $25,6 \times 0,8529 = 21^m,83$, distance de F à *n*.
   2º $28,5 \times 0,8529 = 24^m,31$,   —   de *m* à *n*.
   3º $31,4 \times 0,8529 = 26^m,78$,   —   de *l* à *m*.
   4º $34,3 \times 0,8529 = 29^m,25$,   —   de *k* à *l*.
   5º $37,2 \times 0,8529 = 31^m,73$,   —   de E à *k*.
          Total égal.   . $133^m,90$

Pour avoir la hauteur des perpendiculaires, on opérera comme il est démontré au nº 7.

Exemple :

   La perpendiculaire C F est de.   . $180^m,0$
   Celle D E est de. . . . . . $98^m,0$
      La différence est de.   .   . $82^m,0$

$$\frac{82,0}{133,9} = 0,6124.$$

$31,73 \times 0,6124 = 19^{m},11 + 98^{m},0 = 117^{m},43$, hauteur de la perpendiculaire $g\,k$.

$(31,73 + 29,25) \times 0,6124 = 37^{m},34 + 98^{m},0 = 135^{m},34$, hauteur de la perpendiculaire $h\,l$.

$(31,73 + 29,25 + 26,78) \times 0,6124 = 53^{m},74 + 98^{m},0 = 151^{m},73$, hauteur de la perpendiculaire $i\,m$.

$(31,73 + 29,25 + 26\ 78 + 24,31) \times 0,6124 = 68^{m},63 + 98^{m},0 = 166^{m},63$, hauteur de la perpendiculaire $j\,n$.

$21,83 \times 0,6124 = 13^{m},37 + 166^{m},63 = 180^{m},0$, hauteur de la perpendiculaire C F.

REMARQUE.

11. Pour avoir la surface d'un triangle, on en multiplie la base par la hauteur, et l'on prend la moitié du produit ; celle du trapèze s'obtient en multipliant la somme des deux côtés parallèles par la base et en prenant la moitié du résultat. C'est ainsi qu'on a agi pour déterminer la surface des triangles et des trapèzes de la figure VI. Comme ces divisions successives par 2 donnent souvent des restes qu'on néglige et qui sont autant d'erreurs pour le résultat définitif, on n'effectuera pas dans les opérations qui suivent la division par 2 ; la surface des triangles et celle des trapèzes, on se contentera de l'indiquer, attendu que les reprises, lors des répartitions, ne se feront que d'un côté.

On doublera, par la même raison, la contenance des co-partageants, lors du réglement.

Calcul des trapèzes.

1° $180,0 \times 30,0$	54	00
2° $(166,63 + 180,0) \times 21^{m},83$ . . .	75	67
3° $(166,63 + 151,74) \times 24^{m},21$ . . .	77	39
A reporter. . .	2 07	06

$$
\begin{array}{ll}
\text{Report.} \quad . \quad . \quad . \quad . & 2\ 07\ 06 \\
4^{\circ}\ (151{,}74 + 135{,}34) \times 26^{\mathrm{m}}{,}78. \quad . \quad . & 76\ 88 \\
5^{\circ}\ (135{,}34 + 117{,}43) \times 29^{\mathrm{m}}{,}25. \quad . \quad . & 73\ 94 \\
6^{\circ}\ (117{,}43 + 98{,}0) \times 31^{\mathrm{m}}{,}73 = 68^{\mathrm{m}}{,}36 & \\
\quad\quad - \text{ le triangle auxiliaire A F D de} & \\
19^{\mathrm{m}}{,}60\ . \quad . \quad . \quad . \quad . \quad . \quad . \quad . & 48\ 76
\end{array}
$$

$$
\text{Total.} \quad . \quad . \quad . \quad . \quad \frac{4\ 06\ 64}{2} = 2^{\mathrm{h}}\ 03^{\mathrm{a}}\ 32^{\mathrm{c}}
$$

Répartitions. — Rapport des bases parcellaires.

$$
\begin{array}{lll}
1^{\circ}\ . \quad . \quad . \quad . & 54\ 00 & \\
2^{\circ}\ . \quad . \quad . \quad . & 75\ 67 & \\
\hline
& 1\ 29\ 67 & \text{Base F B} =.\quad 30\ 00 \\
\text{Il faut}\ . \quad . & 81\ 328 & \text{Base F } n =.\quad 24\ 83 \\
\hline
\text{Il reste.}\ . & 48\ 342 & \quad\quad\quad\quad\quad 51\ 83 \\
\hline
& 166{,}63 & = 29{,}00.\ . \quad . - \quad 29\ 00 \\
\hline
& & \quad\quad\quad\quad\quad 22\ 83 \quad \text{dist. de B à } r.
\end{array}
$$

$$
\begin{array}{lll}
\text{Rapport des} & 48\ 342\ \text{ci-dessus.} & \\
3^{\circ}\ . \quad . \quad . \quad . & 77\ 39 & \\
\hline
& 1\ 25\ 732 & \text{Rapport des}\quad 29\ 00\quad \text{ci-dessus.} \\
\text{Il faut}\ . \quad . & 81\ 328 & \text{Base } m\ n\ .\quad 24\ 31 \\
\hline
\text{Excédant.} & 44\ 404 & \quad\quad\quad\quad\quad 53\ 31 \\
\hline
& 151{,}74 & = 29{,}27.\ . \quad . - \quad 29\ 27 \\
\hline
& & \quad\quad\quad\quad\quad 24\ 04 \quad \text{dist. de } q \text{ à } r.
\end{array}
$$

$$
\begin{array}{lll}
\text{Rapport des} & 44\ 404\ \text{ci-dessus.} & \\
4^{\circ}\ . \quad . \quad . \quad . & 76\ 88 & \\
\hline
& 121\ 284 & \text{Rapport des}\quad 29\ 27\quad \text{plus haut.} \\
\text{Il faut}\ . \quad . & 81\ 328 & \text{Base } l\ m\ .\quad 26\ 78 \\
\hline
\text{Excédant.} & 39\ 956 & \quad\quad\quad\quad\quad 56\ 05 \\
\hline
& 135{,}34 & = 29{,}53.\ . \quad . - \quad 29\ 53 \\
\hline
& & \quad\quad\quad\quad\quad 26\ 52 \quad \text{dist. de } p \text{ à } q.
\end{array}
$$

Rapport des   39 956 plus haut.

5º 73 94

———————

113 896   Rapport des   29 53   ci-dessus.

Il faut .   .   81 328   Base $k\,l$.   .   29 25

———————   ———————

Excédant.   32 568   58 78

——————— $= 27{,}74$.   .   . —   27 74

117,43   ———————

═══════   31 04   dist de o à p.

                                                          ═══════

Rapport des   32 568   Rapport des   27 74   plus haut.

6º.   .   .   .   48 76   Base E k.   .   31 73

———————   ———————

81 328   59 47

═══════   A retranch.   20 00

                                                          ———————

                                                          39 47   dist. de A à o.

                                                          ═══════

Fig. VII. — On propose de partager en sept parties égales le quadrilatère A B C D d'une surface de $2^h\,84^a\,62^c$.

Soit :

La base A B de. .   .   .   . $188^m{,}4$

Le segment A E. .   .   .   . $30^m{,}0$

Le segment B F. .   .   .   . $31^m{,}6$

Et le côté C D .   .   .   . $262^m{,}5$

On opérera d'abord comme il est indiqué au nº 10, c'est-à-dire qu'on divisera la surface qu'on veut prendre par la hauteur de la perpendiculaire qui est ici de $170^m{,}0$.

EXEMPLE :

$$\frac{40{,}66}{170{,}0} = 24^m{,}0.$$

Les co-partageants étant au nombre de sept, on multipliera les $24^m{,}0$ ci-dessus par sept et l'on aura au produit.   .   . $168^m{,}0$

L'hypothénuse étant de.   .   .   .   . $262^m{,}5$

Il reste.   .   .   .   . $94^m{,}5$

qu'il faut répartir dans une progression arithmétique de la manière suivante :

$$\div\ 1 \cdot 2 \cdot 3 \cdot 4 \cdot 5 \cdot 6 \cdot 7 = 28.$$

$$\frac{94,5}{28} = 3^{m},3 + \frac{21}{28}$$

On voit que le quotient est de $3^{m},3^{d}$ et qu'il reste $2^{m},1$ qu'il faut répartir entre les sept co-partageants, c'est-à-dire qu'il faut supposer $24^{m},3$ au lieu de 24^{m}. Ainsi :

Pour la 1re division à

partir de l'angle C. $24^{m},3 + 3^{m},3 = 27^{m},6$, distance de q à C.

2e . . . . $27^{m},6 + 3^{m},3 = 30^{m},9$,   —   de o à q.

3e . . . . $30^{m},9 + 3^{m},3 = 34^{m},2$,   —   de m à o.

4e . . . . $34^{m},2 + 3^{m},3 = 37^{m},5$,   —   de k à m.

5e . . . . $37^{m},5 + 3^{m},3 = 40^{m},8$,   —   de i à k.

6e . . . . $40^{m},8 + 3^{m},3 = 44^{m},1$,   —   de g à i.

7e . . . . $44^{m},1 + 3^{m},3 = 47^{m},4$,   —   de D à g.

Total égal. $262^{m},5$

Pour avoir la distance des perpendiculaires, on opérera comme il est démontré au n° 6.

EXEMPLE :

$$\frac{250,0}{262,5} = 0,9524.$$

$27^{m},6 \times 0,9524 = 26^{m},28$, distance de F à r.

$30^{m},9 \times 0,9524 = 29^{m},43$,   —   de p à r.

$34^{m},2 \times 0,9524 = 32^{m},57$,   —   de n à p.

$37^{m},5 \times 0,9524 = 35^{m},72$,   —   de l à n.

$40^{m},8 \times 0,9524 = 38^{m},86$,   —   de j à l.

$44^{m},1 \times 0,9524 = 42^{m},00$,   —   de h à j.

$47^{m},4 \times 0,9524 = 45^{m},14$,   —   de E à h.

Total égal. $250^{m},00$

Pour trouver la hauteur des perpendiculaires, on opérera suivant le n° 7.

EXEMPLE :

$$170^m,0 - 90^m,0 = 80^m,0.$$

$$\frac{80,0}{250,0} = 0,32.$$

$45,14 \times 0,32 = 14^m,44 + 90^m,0 = 104^m,44$, hauteur de la perpendiculaire $g\,h$.

$(45,14 + 42,0) \times 0,32 = 27^m,88 + 90^m,0 = 117^m,88$, hauteur de la perpendiculaire $i\,j$.

$(45,14 + 42,0 + 38,86) \times 0,32 = 40^m,32 + 90^m,0 = 130^m,32$, hauteur de la perpendiculaire $k\,l$.

$(45,14 + 42,0 + 38,86 + 35,72) \times 0,32 = 51^m,75 + 90^m,0 = 141^m,75$, hauteur de la perpendiculaire $m\,n$.

$(45,14 + 42,0 + 38,86 + 35,72 + 32,57) \times 0,32 = 62^m,17 + 90^m,0 = 152^m17$, hauteur de la perpendiculaire $o\,p$.

$(45,14 + 42,0 + 38,86 + 35,72 + 32,57 + 29,43) \times 0,32 = 71^m,59 + 90^m,0 = 161^m,59$, hauteur de la perpendiculaire $q\,r$.

$26,28 \times 0,32 = 8^m,41 + 161^m,59 = 170^m,0$, hauteur de la perpendiculaire C F.

Calculs.

1° $(90,0 + 104,44) \times 45,14 = 87,76$ — le triangle A D E de 27,0 . . . . 60 76

2° $(104,44 + 117,88) \times 42,0$ 93 36

3° $(117,88 + 130,52) \times 38,86$ . . . 96 44

4° $(130,32 + 141,75) \times 35,72$ . . . 97 17

5° $(141,75 + 152,17) \times 32,57$ . . . 95 72

6° $(152,17 + 161,69) \times 29,43$ . . . 92 36

7° $(161,62 + 170,0) \times 26,28 = 87,45$ — le triangle B C F de 53,72. . . 33 43

Total. 5 69 24

$$\frac{5\ 69\ 24}{2} = 2^h\,84^a\,62^c$$

Répartitions. — Rapport des bases parcellaires.

1° = . . .   60ᵃ 76   E h = .   45ᵐ 14
Il faut . .   81 32   — E A. 30 00
                             ─────────
Déficit de.   20 56   15 14
           ─────── = 19,69 . . . + 19 69
             104,44   ─────────
                                  34 83   dist. de A à *s*.

2° = . . .   93ᵃ 36
A retrancher   20 56 plus haut.
           ───────
             72 80   h j =   42ᵐ 00
Il faut . .   81 32   —   19 69 ci-dessus.
           ───────   ─────────
Déficit de.   8 52   22 31
           ─────── = 7,23. . . +   7 23
             117,88   ─────────
                                  29 54 dist. de *s* à *t*.

3° = . . .   96ᵃ 44
A retrancher   8 52 ci-dessus.
           ───────
             87 92   j l =   38ᵐ 86
Il faut . .   81 32   —   7 23
           ───────   ─────────
Excédant.   6 60   31 63
           ─────── = 5,06. . . —   5 06
             130,32   ─────────
                                  26 57 dist. de *t* à *u*.

4° = . . .   97ᵃ 17
             + 6 60 ci-dessus.
           ───────
             103 77   l n =   35ᵐ 72
Il faut . .   81 32   +   5 06 ci-dessus.
           ───────   ─────────
Excédant.   22 45   40 78
           ─────── = 15,84 . . — 15 84
             141,75   ─────────
                                  24 94 dist de *u* à *v*.

5° = . . . 95ª 72
            + 22 45
            ____
            118 17 $n\ p =$ 32ᵐ 57
Il faut . . 81 32   + 15 84 ci-dessus.
            ________   ________
Excédant. 36 85   48 41
            ________ = 24,21 . . — 24 21
            152,17   24 20 dist. de v à x.

6° = . . . 92ª 36
            + 36 85
            ____
            129 21 $p\ r =$ 29ᵐ 43
Il faut . . 81 32   + 24 21 ci-dessus.
            ________   ________
Excédant. 47 89   53 64
            ________ = 29,63 . . — 29 63
            161,59   24 01 dist. de x à y.

7° = . . . 33ª 43 $r\ F =$ 26ᵐ 28
            + 47 89   + 29 63
            ________   ________
            81 32   55 91
            ________   — 31 60 (Emprunt.)
                                           ____
                                           24 31 dist. de y à B.

Fɪɢ. VIII. — On propose de partager en six parties égales le quadrilatère A B C D dont la surface est de 2ʰ 43ª 96ᶜ — et le 1/6 — de 40ª 66ᶜ.

Soit :

La base A B de.	272ᵐ,6
Le côté C D de.	184ᵐ,2
Le segment A E de.	50ᵐ,1
Le segment B F de.	40ᵐ,0
La perpendiculaire D E de. . . .	95ᵐ,0
La perpendiculaire C F de.	120ᵐ,0
Et la base E F du trapèze de. . . .	182ᵐ,5

12. Si l'on divise les 40ᵃ 66ᶜ par la hauteur de la perpendiculaire C F, de 120ᵐ,0, on aura un quotient de 33ᵐ,9 qu'on prendrait de chaque côté (ensemble 67ᵐ,8), si les côtés A B et C D étaient parallèles, pour obtenir la surface demandée ; mais en multipliant 33ᵐ,9 par 6 on a un produit de. 203ᵐ,4

Et l'hypothénuse n'étant que d'une longueur de. . 184ᵐ,2

Il y a déficit de 19ᵐ,2

Dans ce cas, on prendra approximativement le 1/6ᵉ de la base A B d'une longueur de 272ᵐ,6 et l'on aura 45ᵐ,5. On en fera la soustraction des 67ᵐ,8, plus haut: il restera 22ᵐ,3 que l'on prendra provisoirement sur l'hypothénuse C D.

En multipliant les 22ᵐ,3 par 6, on aura un produit de 133ᵐ,8

L'hypothénuse étant de 184ᵐ,2

Il restera. 40ᵐ,4

qu'on répartira par une progression arithmétique ainsi qu'il suit :

$$\div\ 1 \cdot 2 \cdot 3 \cdot 4 \cdot 5 \cdot 6 = 21.$$

On divisera les 40ᵐ,4 par 21 et l'on aura au quotient 2ᵐ,4. Ainsi :

1° 22ᵐ,3 + 2ᵐ,4 = 24ᵐ,7, distance de C à *o*.
2° 24ᵐ,7 + 2ᵐ,4 = 27ᵐ,1,   —   de *m* à *o*.
3° 27ᵐ,1 + 2ᵐ,4 = 29ᵐ,5,   —   de *k* à *m*.
4° 29ᵐ,5 + 2ᵐ,4 = 31ᵐ,9,   —   de *i* à *k*.
5° 31ᵐ,9 + 2ᵐ,4 = 34ᵐ,3,   —   de *g* à *i*.
6° 34ᵐ,3 + 2ᵐ,4 = 36ᵐ,7,   —   de D à *g*.

Total . . . 184ᵐ,2

Pour trouver la distance des perpendiculaires, on opérera comme il est indiqué au n° 6.

On divisera la base E F égale à 182ᵐ,5 par l'hypothénuse D C égale à 183ᵐ,2.

EXEMPLE :

$$\frac{182,5}{184,2} = 0,9907.$$

$$24^{\mathrm{m}},7 \times 0,9907 = 24^{\mathrm{m}},47, \text{ distance de F à } p.$$
$$27^{\mathrm{m}},1 \times 0,9907 = 26^{\mathrm{m}},85, \quad — \quad \text{de } n \text{ à } p.$$
$$29^{\mathrm{m}},5 \times 0,9907 = 29^{\mathrm{m}},22, \quad — \quad \text{de } l \text{ à } n.$$
$$31^{\mathrm{m}},9 \times 0,9907 = 31^{\mathrm{m}},60, \quad — \quad \text{de } j \text{ à } l.$$
$$34^{\mathrm{m}},3 \times 0,9907 = 33^{\mathrm{m}},99, \quad — \quad \text{de } h \text{ à } j.$$
$$36^{\mathrm{m}},7 \times 0,9907 = 36^{\mathrm{m}},37, \quad — \quad \text{de E à } h.$$

Total égal. $182^{\mathrm{m}},50$

Pour trouver la hauteur des perpendiculaires, on opérera suivant le n° 7. On fera la différence des deux côtés parallèles du trapèze.

EXEMPLE :

La base E F du trapèze $= 182^{\mathrm{m}},5$.

$$\frac{25,0}{182,5} = 0,137.$$

C F. . . . . $120^{\mathrm{m}},0$

D E. . . . . $95^{\mathrm{m}},0$

Différence de. $25^{\mathrm{m}},0$

1° $36,37 \times 0,137 = 4^{\mathrm{m}},98 + 95^{\mathrm{m}},0 = 99^{\mathrm{m}},98$, perpendiculaire de g h.

2° $(36,37 + 33,99) \times 0,137 = 9^{\mathrm{m}},64 + 95^{\mathrm{m}},0 = 104^{\mathrm{m}},64$, perpendiculaire de i j.

3° $(36,37 + 33,99 + 31,60) \times 0,137 = 13^{\mathrm{m}},97 + 95^{\mathrm{m}},0 = 108^{\mathrm{m}},97$, perpendiculaire de k l.

4° $(36,37 + 33,99 + 31\ 60 + 29,22) \times 0,137 = 17^{\mathrm{m}},97 + 95^{\mathrm{m}},0 = 112^{\mathrm{m}},97$, perpendiculaire de m n.

5° $(36,37 + 33,99 + 31,6 + 29,22 + 26,85) \times 0,137 = 21^{\mathrm{m}},65 + 95^{\mathrm{m}},0 = 116^{\mathrm{m}},65$, perpendiculaire de o p.

Calculs.

1° $95,0 \times 50,1$ . . . . $=$ 47 58

2° $(95,0 + 99,98) \times 36,37$ . . $=$ 70 90

3° $(99,98 + 104,64) \times 33,99$ . . $=$ 69 54

A reporter . . .   1 88 02

$$\text{Report.} \quad . \quad . \quad . \qquad 1\ 88\ 02$$

$$4^o\ (104,64 + 108,97) \times 31,6 \ . \ . \ = \quad 67\ 50$$

$$5^o\ (108,97 + 112,97) \times 29,22 \ . \ . \ = \quad 64\ 82$$

$$6^o\ (112,97 + 116,65) \times 26,85 \ . \ . \ = \quad 61\ 64$$

$$7^o\ (116,65 + 120,0) \times 24,47 \ . \ . \ = \quad 57\ 94$$

$$8^o\ 120,0 \times 40,0 \ . \ . \ . \ . \ . \ . \ = \quad 48\ 00$$

$$\text{Total.} \quad . \quad . \quad . \quad . \quad \frac{4\ 87\ 92}{2} = 2^h\ 43^a\ 96^c$$

Répartitions. — Rapport des bases parcellaires.

$$1^o = \quad . \quad . \quad . \quad 47^a\ 58$$

$$2^o \quad . \quad . \quad . \quad . \quad 70\ 90$$

$$\overline{ 118\ 48}$$

$$\text{Il faut} \quad . \quad . \quad 81\ 32$$

$$\text{Excédant.} \quad 37\ 16$$

$$\frac{}{99\ 98} = 37^m,16.$$

$$A\ E = . \quad 50^m\ 40$$
$$E\ h = . \quad 36\ 37$$
$$\overline{ 86\ 47}$$
$$- \quad 37\ 16$$
$$\overline{ 49\ 31} \quad \text{dist. de A à } q.$$

$$3^o = \quad . \quad . \quad . \quad 69^a\ 54$$

$$+ \quad . \quad . \quad . \quad 37\ 16 \quad \text{ci-dessus}$$

$$\overline{ 106\ 70}$$

$$\text{Il faut} \quad . \quad . \quad 81\ 32$$

$$\text{Excédant.} \quad 25\ 38$$

$$\frac{}{104\ 64} = 24^m,25.$$

$$h\ j = . \quad 33^m\ 99$$
$$+ \quad 37\ 16 \quad \text{ci-dessus.}$$
$$\overline{ 71\ 15}$$
$$- \quad 24\ 25$$
$$\overline{ 46\ 90} \quad \text{dist. de } q \text{ à } r.$$

$$4^o \quad . \quad . \quad . \quad . \quad 67^a\ 50$$

$$+ \quad . \quad . \quad . \quad 25\ 38$$

$$\overline{ 92\ 88}$$

$$\text{Il faut} \quad . \quad . \quad 81\ 32$$

$$\text{Excédant.} \quad 11\ 56$$

$$\frac{}{108\ 97} = 10^m,59.$$

$$j\ l = . \quad 34^m\ 60$$
$$+ \quad 24\ 25 \quad \text{ci-dessus.}$$
$$\overline{ 55\ 85}$$
$$- \quad 10\ 59$$
$$\overline{ 45\ 26} \quad \text{dist. de } r \text{ à } s.$$

5º 64ª 82
+ . . . 11 56 ci-dessus.
————
76 38
Il faut . . 81 32 $l\,n =$. 29ᵐ 22
Déficit . . 4 94   + 10 59 ci-dessus.
———— $= 4^{m},38$. + 4 38 ci-contre.
112 97   ————
44 19 dist. de s à t.

6º 64ª 64
— . . . 4 94 ci-dessus.
————
56 70 $n\,p =$. 26ᵐ 85
Il faut . . 81 32   — 4 38 plus haut.
————   ————
Déficit . . 24 62   22 47
———— $= 21^{m},22$. + 21 22
116 65   ————
43 69 dist. de t à u.

7º 57ª 94
— . . . 24 62 ci-dessus.
———— $F\,p =$ 24ᵐ 47
33 32   — 21 22 ci-dessus.
+ 8º $=$ . . 48 00   ————
————   3 25
81 32   + 40 00
————   ————
43 25 dist. de B à u.

Cette division peut se faire aussi en suivant ce qui est expliqué au nᵒ 14, figure X.

Fɪɢ. IX — On propose de diviser, en quatre parties inégales, le quadrilatère A B C D d'une surface totale de 1ʰ 70ª 80ᶜ de manière que le côté A B de 150ᵐ,20 qui aboutit soit à un rideau, soit à un chemin, soit partagé suivant les droits respectifs des co-partageants.

La première part à partir de l'angle B est de. 27ª 59ᶜ
La 2ᵉ de. 37 28
————
A reporter. 64ª 87ᶜ

$$\text{Report.} \quad . \quad . \quad . \quad . \quad 64^{\text{a}}\,87_{\text{c}}$$

La 3e de. 58 39

Et la 4e de 47 54

$$\text{Total des parts} \quad . \quad . \quad . \quad 1^{\text{h}}\,70^{\text{a}}\,80^{\text{c}}$$

Soit la base A B de . . . . $165^{\text{m}},0$

Le segment B F de . . . . $25^{\text{m}},0$

Le segment auxiliaire A E de . . . $10^{\text{m}},0$

La perpendiculaire D E de . . . . $104^{\text{m}},0$

La perpendiculaire C F de . . . . $112^{\text{m}},0$

Le côté C D de . . . . $150^{\text{m}},2$

Et la base E A F du trapèze de . . . $150^{\text{m}},0$

13. Le moyen à employer pour donner satisfaction aux co-partageants est bien simple : c'est de diviser le côté C D par la surface du quadrilatère. Le quotient représente le rapport qu'il faut multiplier par la part respective des co-partageants. Le produit indique la quantité de mètres à prendre sur ce côté pour chacun d'eux.

EXEMPLE :

$$\frac{150,20}{170,80} = 0,879$$

$27^{\text{a}}\,50^{\text{c}} \times 0,879 = 24^{\text{m}},3,$ distance de C à k.

$37\ 28\ \times 0,879 = 32^{\text{m}},7,$ — de i à k.

$58\ 39\ \times 0,879 = 51^{\text{m}},4,$ — de g à i.

$47\ 54\ \times 0,879 = 41^{\text{m}},8,$ — de D à g.

Total. . $150^{\text{m}},2$

Pour connaître la distance des perpendiculaires, on opérera comme il est indiqué au n° 6.

EXEMPLE :

$$\frac{150,0}{150,2} = 0,9986$$

$$24^{m},3 \times 0,9986 = 24^{m},26, \text{ distance de F à } l.$$
$$32^{m},7 \times 0,9986 = 32^{m},66, \quad — \quad \text{de } j \text{ à } l.$$
$$51^{m},4 \times 0,9986 = 51^{m},33, \quad — \quad \text{de } h \text{ à } j.$$
$$41^{m},8 \times 0,9986 = 41^{m},75, \quad — \quad \text{de E à } h.$$

Pour trouver la hauteur des perpendiculaires, on devra opérer suivant ce qui est indiqué au nº 7.

EXEMPLE :

$$C F = 112^{m},0 ; \quad D E = 104^{m},0 ; \quad \text{la base E A F du trapèze} = 150^{m},0$$
$$112^{m},0 - 104^{m},0 = 8^{m},0.$$

$$\frac{8,0}{150,0} = 0,0533$$

$41,75 \times 0,0533 = 2,315 + 104,0 = 106^{m},225$, hauteur de la perpendiculaire $g\ h$.

$(41,75 + 51,33) \times 0,0533 = 4,96 + 104,0 = 108^{m},96$, hauteur de la perpendiculaire $i\ j$.

$(41,75 + 51,33 + 32,26) \times 0,0533 = 6,7 + 104,0 = 110^{m},7$, hauteur de la perpendiculaire $k\ l$.

Calcul parcellaire.

$$1^o\ 112^{m},0 \times 25,0 \quad . \quad . \quad . \quad . \quad . \quad = \quad 28^a\ 00$$
$$2^o\ (112^{m},0 + 110,7) \times 24,26 \quad . \quad . \quad = \quad 54\ 03$$
$$3^o\ (110^{m},7 + 108,96) \times 32,66 \quad . \quad . \quad = \quad 71\ 74$$
$$4^o\ (108^{m},96 + 106,225) \times 51,33 \quad . \quad = \quad 110\ 46$$
$$5^o\ (106^{m},225 + 104,0) \times 41,75 =$$
$$87,77 - 10,40 \ (\text{Trian. D}) \quad . \quad = \quad 77\ 37$$

$$\text{Total.} \quad . \quad . \quad . \quad \frac{3\ 41\ 60}{2} = 1^h\ 70^a\ 80^c$$

Répartitions. — Rapport des bases parcellaires.

1º. .   .   .   28 00
2º. .   .   .   54 03
                                           B F = . 25^m 00
        82 03   F l = . 24 26
Il faut. . . 55 18
                                          49 26
Excédant de. 26 85
                      = 24^m,25.   . — 24 25
      110,7   25 01   dist. de B à *o*.

3º =. . . 71 74
      + 26 85   ci dessus.
                               j l = 32^m 66
      98 59   + 24 25 ci-dessus.
Il faut. . . 74 56
                                     56 91
Excédant de. 24 03
                  = 22^m,06.   . — 22 06
     108,96   34 85   dist. de *n* à *o*.

4º. . . . 110 46
      + 24 03   ci-dessus.
                               h j = 51^m 33
     134 49   + 22 06 ci-dessus.
Il faut. . . 116 78
                                     73 39
Excédant de. 17 71
                  = 16^m,68.   . — 16 68
     106,225   56 71   dist. de *m* à *n*.

5º. . . . 77 37
      + 17 71 16^m 68 plus haut.
                            E h = . 41 75
      95 08
1 2 = 47^a 54   — 4º part.   58 43
                              — A E de 10 00
                                48 43   dist. de A à *m*.

Fig. X. — **Par des points pris sur un des côtés d'un quadrilatère, mener des lignes qui le partagent en parties égales, représentant la division de la figure VIII.**

Soit le quadrilatère A B C D à diviser en six parties égales, par des points pris sur le côté C D.

SOLUTION :

Soit la base A B de. . . . . 272^m,6

Le côté C D de. . . . . 184^m,2

Le segment A E de. . . . . 50^m,1

Le segment B F de. . . . . 40^m,0

La base E F du trapèze de. . . . . 182^m,5

La perpendiculaire D E de. . . . 95^m,0

La perpendiculaire C F de. . . . . 120^m,0

On calculera la surface du quadrilatère qu'on trouvera de. . . . . 2^h 43^a 96^c

Dont le 1/6 est de. 40 66

14. La base A B étant beaucoup plus étendue que le côté C D, voici la marche à suivre pour partager le côté C D.

On divisera la surface qu'on voudra prendre par les deux perpendiculaires C F et D E, la première de 120^m,0 et la seconde de 95^m,0.

EXEMPLE :

$$\frac{40,66}{120,0} = 33^m,9.$$

$$\frac{40,66}{95,0} = 42^m,8.$$

15. Les deux quotients étant différents l'un de l'autre, on en retranchera, par une progression arithmétique, d'un côté, le premier terme, de l'autre, le dernier, qu'on supposera par tâtonnement jusqu'à ce que les deux restes soient les mêmes, ou à peu près les mêmes. Ensuite, on fera la somme de la progression qu'on retranchera du côté C D. Enfin, on divisera le reste en autant de parties qu'il y aura de copartageants ; on ajoutera au quotient partiel un terme de la progression arithmétique pour obtenir la distance des points de division.

En supposant le premier terme de la progression de. $1^m,6^d$
on le multipliera par 6, nombre égal à celui des copartageants, ce qui donnera un produit de. . . . . . $9^m,6^d$

En retranchant ce premier terme $1^m,6$ de $33^m,9$ le reste sera de . . . . $32^m,3^d$

En retranchant le dernier terme égal à $9^m,6$ de $42^m,8$, le reste sera de. . . . . $33^m,2^d$

Les deux restes n'étant pas les mêmes, on essaiera d'augmenter le premier terme de la progression de 2 décimètres, soit $1^m,8$
Et le dernier de. . . . . $10^m,8$

Ainsi $33^m,9 - 1^m,8 =$ . . . . $32^m,1$

$42^m,8 - 10^m,8 =$ . . . . $32^m,0$

Les deux restes étant à peu près les mêmes et les copartageants étant au nombre de six, on établira la progression arithmétique ainsi qu'il suit (n° 8) :

$$\div 1,8 \cdot 3,6 \cdot 5,4 \cdot 7,2 \cdot 9,0 \cdot 10,8 = 37,8.$$

En ôtant $37^m,8$ de $184^m,2$, il reste. . . . . . . $146^m,4$

Dont le 1/6e est de. . . . $24^m,4$

Ainsi :

$24^m,4 + 1^m,8 = 26^m,2$, distance de C à o.
$24^m,4 + 3^m,6 = 28^m,0$,   —   de m à o.
$24^m,4 + 5^m,4 = 29^m,8$,   —   de k à m.
$24^m,4 + 7^m,2 = 31^m,6$,   —   de i à k.
$24^m,4 + 9^m,0 = 33^m,4$,   —   de g à i.
$24^m,4 + 10^m,8 = 35^m,2$,   —   de D à g.

Pour avoir la distance des perpendiculaires, on opérera comme il est démontré au n° 6.

EXEMPLE :

$$\frac{182,5}{184,2} = 0,9908$$

$26^{m},2 \times 0,9908 = 25^{m},96$, distance de F à p.

$28^{m},0 \times 0,9908 = 27^{m},74$, — de n à p.

$29^{m},8 \times 0,9908 = 29^{m},52$, — de l à n.

$31^{m},6 \times 0,9908 = 31^{m},31$, — de j à l.

$33^{m}4, \times 0,9908 = 33^{m},09$, — de h à j.

$35^{m}2, \times 0,9908 = 34^{m},88$, — de E à h.

Total égal. $182^{m},50$

Pour trouver la hauteur des perpendiculaires, on opérera suivant ce qu'indique le n° 7.

EXEMPLE :

La perpendiculaire C F. . . . . . $= 120^{m},0$

Celle D E . . . . $= 95^{m},0$

La base E F du trapèze. . . . $= 182^{m},5$

Ainsi $120^{m},0 - 95^{m},0 = 25^{m},0$

$$\frac{25,0}{182,5} = 0,1369.$$

1° $34,88 \times 0,1369 = 4^{m},77 + $ D E de $95^{m},0 = 99^{m},77$, hauteur de la perpendiculaire g h.

2° E $h = 34^{m},88 + h\,j = 33^{m},09 = 67^{m},97$.

$67,97 \times 0,1369 = 9^{m},31 + 95^{m},0 = 104^{m},31$, hauteur de la perpendiculaire i j.

3° E $h = 34^{m},88 + h\,j = 33^{m},09 + j\,l = 34^{m},31 = 99^{m},28$.

$99,28 \times 0,1369 = 13^{m},59 + 95^{m},0 = 108^{m},59$, hauteur de la perpendiculaire k l.

4° E $h = 34^{m},88 + h\,j = 33^{m},09 + j\,l = 31^{m},31 + l\,n = 29^{m},52 = 128^{m},8$.

$128,8 \times 0,1369 = 17^{m},63 + 95^{m},0 = 112^{m},63$, hauteur de la perpendiculaire m n.

5° $E h = 34^m,88 + h j = 33^m,09 + j l = 31^m,31 + l n = 29^m,52$
$+ n p = 27^m,74 = 156^m,54.$

$156,54 \times 0,1369 = 21^m,44 + 95^m,0 = 116^m,44$, hauteur de la
perpendiculaire $o\,p$.

Calculs parcellaires.

1° $120,0 \times 40,0$ . . . . $=$	48	00
2° $(120,0 + 116,44) \times 25,96$ . . $=$	61	38
3° $(116,44 + 112,63) \times 27,74$ . . $=$	63	54
4° $(112,63 + 108,59) \times 29,52$ . . $=$	65	30
5° $(108,59 + 104,31) \times 31,31$ . . $=$	66	65
6° $(104,31 + 99,77) \times 33,09$ . . $=$	67	53
7° $(99,77 + 95,0) \times 34,88$ . . . $=$	67	93
8° $95,0 \times 50,1$ . . . . $=$	47	59

$$\text{Total} \quad \frac{4\ 87\ 92}{2} = 2_h\ 43^a\ 96^c$$

Répartitions. — Rapport des bases parcellaires.

1° 48 00
2° 61 38
———————
109 38
Il faut . . 81 32
———————
Excédant. 28 06
$= 24^m,09$.
———————
116,44

$F\,p = .\quad 25^m\,96$
$B\,F = .\quad 40\ 00$
———————
65 96
$— \quad 24\ 09$
———————
41 87   dist. de B à q.

Rapport de. 28 06   ci-dessus.
3° 63 54
———————
91 60
Il faut . . 81 32
———————
Excédant. 10 28
$= 9^m,13$.
———————
112,63

Rapport de. $24^m\,09$ ci-dessus.
$n\,p = .\quad 27\ 74$
———————
51 83
$— \quad 9\ 13$
———————
42 70   dist. de q à r.

Rapport de.   10 28   ci-dessus.
4° = .   .   .   65 30
                 ————————
                  75 58
Il faut . .   81 32   Rapport de.   9 13   ci-dessus.
   Déficit.   .   5 74 $l\ n =$.   29 52
                 ———————— $= 5^{m},28$ . . $+$ 5 28
                 108,59   ————————
                 ════════   43 93   dist. de r à s.
                                                 ════════

5° = .   .   .   66 65
A retrancher   5 74   ci-dessus.
                 ———————— $j\ l =$.   31 31
                  60 91   —   5 28   plus haut.
Il faut . .   81 32   ————————
   Déficit.   .   20 41   26 03
                 ———————— $= 19^{m},57$. . $+$ 19 57
                 104,31   ————————
                 ════════   45 60   dist. de s à t.
                                                     ════════

6° = .   .   .   67 53
A retrancher   20 41   ci-dessus.
                 ———————— $h\ j =$.   33 09
                  47 12   —   19 57   ci-dessus.
Il faut . .   81 32   ————————
   Déficit.   .   34 20   13 52
                 ———————— $= 34^{m},28$. . $+$ 34 28
                  99,77   ————————
                 ════════   47 80   dist. de t à u.
                                                     ════════

7° 67 93
8° .   .   .   .   47 59 $E\ h =$ 34 88
                   ————————   —   34 28   ci-dessus.
                   115 52   0 60
A retrancher   34 20   ci-dessus. $+$ A E de 50 10
   Il reste   .   81 32   ————————
                   ════════   50 70   dist. de A à u.
                                                          ════════

Fig. XI. — Diviser le quadrilatère A B C D d'une surface de 2ʰ 12ᵃ 40ᶜ, par des lignes parallèles au côté A D et par des lignes transversales de manière que la première part, à partir de l'angle B, soit de 29ᵃ 43ᶜ

La deuxième part de. 60 99

La troisième part de 60 99

La quatrième part de. 60 99

Total égal. 2ʰ 12ᵃ 40ᶜ

En opérant comme il est indiqué au n° 3, ou suivant la démonstration développée à la figure II, on trouvera la longueur du prolongement F G de 192ᵐ,88

Et le prolongement de C G de 218ᵐ,12

Soit la base A B de 147ᵐ,0

Le segment A E de 12ᵐ,0

Le segment auxiliaire B F de. . . 12ᵐ,5

La perpendiculaire C F de . . . 102ᵐ,0

La perpendiculaire D E de . . . 180ᵐ,0

Le côté C D de 166ᵐ,8

SOLUTION :

On calculera la surface du triangle extérieur négatif qu'on trouvera de. 1ʰ 04ᵃ 74ᶜ

Et celle du quadrilatère qui sera de. 2 12 40

Ensemble. 3ʰ 17ᵃ 14ᶜ

Calcul de la première part B C h i.

A la surface du triangle B G C extérieur négatif égale à. 1ʰ 04ᵃ 74ᶜ

on ajoutera celle de 29 40

1ʰ 34ᵃ 17ᶜ

Ensuite on opérera comme il est indiqué au n° 5.

EXEMPLE :

$$\frac{134,17}{317,14} = 0,423062.$$

$\sqrt{0,423062} = 0,6504$, premier multiplicateur géodésique.

A B de $147^m,0$ + B G de $205^m,38 = 352^m,38$.

D C de $166,8$ + C G de $218,12 = 384^m,92$.

$352,38 \times 0,6504 = 229,18$, d'où retranchant B G de $205,38$ il restera $23^m,8$, distance de B à i.

$384,92 \times 0,6504 = 250,35$, d'où ôtant C G de $218,12$, il restera $32^m,23$, distance de C à h.

Calcul de la deuxième part.

A la surface du triangle extérieur négatif B G C
égale à. . . . . $1^h\,04^a\,74^c$
on ajoutera les deux premières parts de. . . . $90\quad42$

Total. . . . . $1^h\,95^a\,16^c$

$$\frac{195,16}{317,14} = 0,615375.$$

$\sqrt{0,615375} = 0,7844$, deuxième multiplicateur géodésique.

$352,38 \times 0,7844 = 276,40$, d'où ôtant i G de $229,18$, il restera $47^m,22$, distance de i à k.

$384,92 \times 0,7844 = 301,93$, d'où retranchant h G de $250,35$, il restera $51^m,58$, distance de h à j.

Calcul de la troisième part.

A la surface du triangle extérieur négatif B G C
égale à. . . . . $1^h\,04^a\,74^c$
on ajoutera les trois premières parts de. . . . $1\quad51\quad41$

Total. . . . . . $2^h\,56^a\,15^c$

$$\frac{256,15}{317,14} = 0,807687.$$

$\sqrt{0,807687} = 0,8987$, troisième multiplicateur géodésique.

352,38 × 0,8987 = 346,68, d'où retranchant k G de 276,40, il restera 40ᵐ,28, distance de k à m.

384,92 × 0,8987 = 346,32, d'où ôtant G j égal à 301,93, il restera 44ᵐ,39, distance de j à l.

Quatrième part.

352,38 — 346,68 = 35ᵐ,7, qu'on portera de m à A.
384,92 — 346,32 = 38ᵐ,6, qu'on portera de l à D.

16. Pour obtenir la hauteur des côtés $h\,i$, $j\,k$, $l\,m$, on multipliera le côté A D par les multiplicateurs géodésiques ci-dessus : 0,6504, 0,7844, 0,8987.

17. Pour obtenir les lignes transversales $n\,o$, $p\,q$, on n'a qu'à prendre le tiers des deux côtés A D, $i\,h$, mener des lignes de n à o, de p à q, et l'opération est terminée. De cette manière, chaque parcelle contient 20ᵃ 33ᶜ, ainsi que l'énonce le problème. Cette division peut s'appliquer principalement à la division des récoltes.

Fɪɢ. XII. — Diviser entre quatre propriétaires le polygone A B C D E F G H I par des lignes partant du sommet des angles E G H et en faire la répartition conformément à leurs titres, dans le cas où il y aurait, d'après l'arpentage, une différence soit en plus, soit en moins.

La première part, suivant les titres, est de.	78ᵃ 85ᶜ
La deuxième est de	64 27
La troisième est de	65 40
Et la quatrième est de.	1 01 28
Ensemble.	3ʰ 09ᵃ 80ᶜ

Pour résoudre ce problème, il faut faire l'arpentage de cette figure. On placera des jalons à chaque angle de ce polygone, en prenant A B pour base de l'opération. On abaissera sur cette base la perpendiculaire E j qu'on prolongera jusqu'à k. Du sommet de l'angle G on abaissera la perpendiculaire *l* G qu'on prolongera jusqu'à *m*. Du sommet de l'angle H on mènera une perpendiculaire en *n*. Ensuite, du sommet de l'angle D on abaissera la perpendiculaire en *o*, sur laquelle on abaissera celle C *p*. Enfin, du sommet de l'angle I on abaissera la perpendiculaire I *q*.

18. Pour avoir la hauteur de la perpendiculaire *j k*, il faut chercher un rapport entre la perpendiculaire G *l* de 25ᵐ0 et sa base A *j l* de 135,5, multiplier ensuite ce rapport par A *j* de 73ᵐ,0.

EXEMPLE :

$$\frac{25,0}{135,5} = 0,1845.$$

A *j* = 73ᵐ,0.

73ᵐ,0 × 0,1845 = 13ᵐ,47, hauteur de la perpendiculaire *j k*.

Opérations.

1°
Triangle
j A *k*.
| A *j* = 73ᵐ,0, *j k* = 13,47.
| Surface 73,0 × 13,47 . . . . = 9ᵃ 83

2°
Trapèze
E F *j r*.
| F *r* = 94ᵐ,0, E *j* = 85,0, *j* A = 73,0
| A *r* = 13,0.
| Surface (94,0 + 85,0) × 73,0 +
| 13,0 . . . . . = 153,94
| d'où retranch. la surf. du
| triangle A F *r* = *r* A
| × F *r* = 13,0 × 94,0 = 12,22
| Il reste la surface de 141,72 ci = 141 72

3°
Trapèze
E *k* G *m*.
| *j k* = 13ᵐ,47, E *j* = 85,0, G *l* = 25,0
| *l m* = 94,53, *j l* = 62,5.
| Surf. (13,47 + 85,0 + 25,0 + 94,53)
| × 62,5 . . . . = 136 25

A reporter. . . . 287ᵃ 80

— 41 —

Report. . . . 287ᵃ 80

4° Trapèze G l m H n.	$G\ l = 25^{m},0,\ l\ m = 94,53,\ H\ n = 103,04,\ H\ l = 58,0.$ Surface $(25,0 + 94,53 + 103,04) \times 58,0$ . . . . $= 129\ 09$	
5° Trapèze H n D o.	$H\ n = 103^{m},04,\ D\ p\ o = 107,0,\ H\ o = 27,0.$ Surf. $(103,04 + 107,0) \times 27,0.\ = 56\ 71$	
6° Triangle C D p.	$D\ p = 47^{m},0,\ C\ p = 32,0.$ Surface $47,0 \times 32,0$ . . . . $= 15\ 04$	
7° Trapèze C p B o.	$C\ p = 32^{m},0,\ B\ q = 70,0,\ o\ q = 26,0,\ o\ p = 60,0.$ Surf. $(32,0 + 70,0 + 26,0) \times 60,0 = 76\ 80$	
8° Triangle H I B.	$H\ o = 27^{m},0,\ q\ o = 26,0,\ B\ q = 70,0,\ I\ q = 40,0.$ Surf. $(27,0 + 26,0 + 70,0) \times 40,0 = 49\ 20$	

Total suivant arpentage $\dfrac{614^{a}\ 64}{2} = 3^{h}07^{a}\,32$

Et d'après titres. . . 3 09 80

Voir la remarque nᵒ 11.   Partant, déficit de   2ᵃ 48

19. On fera proportionnellement la répartition du déficit, ainsi qu'il suit:

On divisera $3^{h}\ 07^{a}\ 32^{c}$, représentant la contenance du terrain, par $3^{h}\ 09^{a}\ 80^{c}$, suivant les titres, et l'on aura un quotient de 0,992 pour le rapport unitaire.

On multipliera ce rapport par chaque contenance d'après les titres ainsi qu'il suit:

Première part. .	$78^{a}\ 85^{c}$	$\times$ 0,992	$=$	$78^{a}\ 22^{c}$
Deuxième part .	64 27	$\times$ 0,992	$=$	63 75
Troisième part .	65 40	$\times$ 0,992	$=$	64 88
Quatrième part .	101 28	$\times$ 0,992	$=$	1 00 47

Total égal au terrain. . . $3^{h}\ 07^{a}\ 32^{c}$

Répartition entre les Propriétaires.

Première Division.

La surface A E F *j k*. . . . . = .151,55
Il faut 78ª 22ᶜ qu'on double d'après la remarque nº 11.   156,44

Déficit. . . .   4,89

En divisant ce déficit par 98ᵐ,47, le quotient de 4ᵐ,96 sera la reprise à faire sur la ligne E *j k*.

On portera cette largeur de *k* à *s*, on tirera E *s* qui sera la ligne de la première division.

Deuxième Division.

La surface E *j k* G *m l* est de.   136,25
Sur quoi il faut retrancher la reprise ci-dessus de. .   4,89

Il reste. . . .   131,36

Il en faut 63,75 qu'on double = 127,50

Excédant de. . .   3,86

On divisera cet excédant par 119,53, le quotient sera de 3ᵐ,23 qu'on portera de *m* en *t*; on tirera G *t* qui sera la seconde ligne de division.

Troisième Division.

Le quadrilatère G *l m* H *n* présente une surface de. .   129 09
À quoi il faut ajouter l'excédant ci-dessus de . . .   3 86

Total. . . .   132 95
Il en faut. 129 76
Excédant de. . .   3ª 19

On divisera les 3ª 19ᶜ par 103ᵐ,4 et l'on aura un quotient de 3ᵐ,1 qu'on portera de *n* en *u*, puis on tirera du point *u* au point H la troisième ligne de division.

Quatrième Division.

Il faut rapporter l'excédant ci-dessus de. . . .   3ª 19
Plus le nº 5º de. 56 71

A reporter. . . .   59 90

Report. . . . 59 90

Plus le n° 6° de. 15 04
Plus le n° 7° de. 76 80
Et plus le n° 8° de. 49 20

200 94

Quatrième division 1/2 = 100 47

Fig. XIII. — On propose de diviser en quatre parties inégales, au moyen de deux triangles, le quadrilatère A B C D d'une surface de $1^h 47^a 24^c$, de manière que les trois premières parts soient de $40^a 66$ à partir du côté A D, et la quatrième de $25^a 26^c$.

Soit la base A B de. . . . . $163^m,5$
Le segment A E de. 35 0
Le segment auxiliaire B F de. . . 31 5
La perpendiculaire D E de . . . 95 0
La perpendiculaire C F de. . . . 85 0
La base du trapèze D E C F de . 160 0
Et le côté C D de. 160 1

Première part.

20. Pour remplir les conditions de ce problème, on divisera les $40^a 66^c$ par la perpendiculaire D E de $95^m,0$ et l'on aura approximativement un quotient de $43^m,0$ qu'on portera de A en g. Les $\dfrac{43,0 \times 95,0}{2} = 20^a 425$. Ensuite on abaissera sur le côté C D la perpendiculaire $g\,h$ de $94^m,3$. On divisera $20^a 235$ manquants par $47^m,15$, moitié de cette perpendiculaire $g\,h$ et l'on aura au quotient $42^m,91$ qu'on portera de D en i. On tirera $i\,g$ qui sera la ligne de la première division.

Deuxième part.

Pour obtenir la même surface ($40^a 66$), on la divisera par $94^m,3$, perpendiculaire de $g\,h$ et l'on aura approximativement au quotient $43^m,3$, qu'on portera de i en j. Ces $\dfrac{43,3 \times 94,3}{2}$ $= 20^a 41^c$. On abaissera sur le côté A B la perpendiculaire

$j\,k$ de 89^m,8. On divisera 20^a 25 manquants par 44^m,9, moitié de cette perpendiculaire $j\,k$, et l'on aura au quotient 45^m,1 qu'on portera de g en l. On tirera la ligne $j\,l$ qui sera la seconde division.

Troisième part.

On divisera également 40^a 66^c par 89^m,8 et l'on aura un quotient approximatif de 46^m,0 qu'on portera de l en m. Les $\dfrac{46^m,0 \times 89,8}{2}$

= 20^a 65. On abaissera sur le côté C D la perpendiculaire $m\,n$ de 88^m,0; on divisera 20^a 01 manquants par 44^m,0, moitié de cette perpendiculaire $m\,n$, et l'on aura au quotient 45^m,1 qu'on portera de j en o. On tirera par le point m au point o la ligne $m\,o$ qui formera la troisième division.

Quatrième part.

$$
\begin{array}{l|l}
\text{Triangle} & \text{C } o = 28^m,79, \ m\,n = 88^m,0 \\
\text{C } m\ o & \text{Surface } \dfrac{28,79 \times 88,0}{2} \quad\ldots\ldots\quad = \quad 12^a\,665 \\[2ex]
\text{Triangle} & \text{B } m = 29^m,4, \ \text{C F} = 85^m,0 \\
\text{B C } m & \text{Surface } \dfrac{29,4 \times 85,0}{2} \quad\ldots\ldots\quad = \quad 12\,595
\end{array}
$$

25^a 26^c

Nota. Cette manière de diviser sur le terrain est très-expéditive.

Division des Triangles.

21. Il se présente plusieurs cas dans la division des triangles relativement à la position des lignes de division. Je vais les traiter successivement en employant pour chacun les diverses méthodes qui y sont applicables.

Fig. XIV. — On propose de partager le terrain A B C de forme triangulaire, et d'une surface de 24^{a}00, en trois parties égales par des lignes menées du sommet de l'angle C.

22. Pour effectuer cette division, on divisera la base A B
de 60^m,0 en trois parties égales et l'on aura 20^m,0 que l'on
portera successivement de A en *d*, de *d* en *e* et de *e* en B;
puis par les points de division *d* et *e* on tirera du sommet de
l'angle C les lignes de division C *d* et C *e*.

Le triangle est partagé en trois triangles égaux A C *d*, *e* C *d*
et *e* C B. En effet, ces trois triangles ont trois bases égales
puisque A *d* = *d e* et *e* B, ils ont la même hauteur C *f*. Donc
ces trois triangles sont équivalents ou égaux en surface.

Le triangle A C B ayant pour base A B. . = 60^m,0

et pour hauteur C *f*. = 80^m,0

aura pour surface $\dfrac{60,0 \times 80,0}{2}$ . . . . . . = 24^a 00

Or, l'un des triangles A C *d*, *d* C *e*, *e* C B étant le tiers de la
surface du triangle A B C, sera égal à $\dfrac{24^a\ 00}{3}$ ou à 8^a 00.

FIG. XV. — Diviser le triangle obtus A B C d'une surface de
48 ares en trois parties inégales, de manière que chacune d'elles
parte du sommet de l'angle C et aboutisse au côté A B.

La première part est de. . . . . 15^a 20

La deuxième est de 19 60

Et la troisième est de . . . · 13 20

Total égal. . . . . 48^a 00

Soit la base A B de. . . . . 120^m,0

Le côté B C de. . . . . 156^m,9

Le côté A C de. . . . . 81^m,4

Et le segment auxiliaire A D de. . 15^m,0

Première solution.

23. On abaissera d'abord sur A B une perpendiculaire du
sommet de l'angle C en D, qu'on mesurera et qu'on trouvera
de 80^m,0.

Puis, pour avoir les points de division on divisera la surface
demandée par la moitié de la perpendiculaire C D, le quotient
indiquera la distance des points.

Exemple :

$$\frac{15^a 20}{40,0} = 38^m,0, \text{ distance de A en } e.$$

$$\frac{19^a 60}{40,0} = 49^m,0, \text{ distance de } e \text{ en } f.$$

$$\frac{13^a 20}{40,0} = 33^m,0, \text{ distance de } f \text{ à B.}$$

Puis, par les points de division e et f on mènera les lignes de division C e et C f qui partageront le triangle d'après les conditions énoncées.

Deuxième solution.

24. On peut aussi opérer la division d'un triangle quelconque en plusieurs parties égales ou inégales par des lignes menées du sommet d'un des angles sur le côté opposé, en divisant la base du triangle par la surface totale de ce triangle ; on multiplie chaque surface partielle par le quotient ou rapport qu'on aura obtenu pour avoir la distance des points de division.

La base A B. . . . . $= 120^m,0$

La surface du triangle est de 48 ares.

Ainsi :

$$\frac{120,0}{48,00} = 0,25.$$

La première part $= 15,20 \times 0,25 = 38^m,0$, distance de A en e.
La deuxième part $= 19,60 \times 0,25 = 49^m,0,$ — de e en f.
La troisième part $= 13,20 \times 0,25 = 33^m,0,$ — de f en B.

Total égal. . $120^m,0$

On voit que le résultat est le même.

Fig. XVI. — On veut diviser le triangle A B C en trois parties égales par deux lignes partant des angles A C.

Soit la base A B de. . . . . $75^m,0$

La perpendiculaire C D de. . . . $80^m,0$

D'après ces données on trouvera que le triangle contient 30 ares.

SOLUTION.

25. Pour résoudre ce problème, on prendra le tiers de la base A B de 75ᵐ, et l'on aura 25ᵐ qu'on portera de B en *e*. On tirera la ligne C *e* qui déterminera le triangle B C *e*, égal au tiers de la surface totale de A C B. Puis, en menant de l'angle A au point *f*, milieu de la ligne C *e*, la ligne A *f*, on divisera le triangle A C *e* en deux parties égales.

FIG. XVII. — Diviser en deux parties égales le triangle A B C, d'une surface de 40ᵃ 55ᵉ, par un point pris sur le côté A C du triangle, en D à 30ᵐ de l'angle C.

Soit le côté A B de 90ᵐ,00
Le côté B C de 94ᵐ,87
Le côté A C de 108ᵐ,16
La perpendiculaire C E de . . . 90ᵐ,00

SOLUTION.

26. La surface du triangle étant connue, on la divisera par moitié de la base A B de 90ᵐ et l'on aura au quotient 90ᵐ,0, représentant la hauteur de la perpendiculaire C E.

27. Pour connaître le segment A E, on élèvera l'hypothénuse A C et la perpendiculaire C E, l'un et l'autre au carré, on fera la différence des deux produits, on en extraira la racine carrée et la racine indiquera le segment.

EXEMPLE :

A C de 108,16 × 108,16 = 1169857
C E de 90,0 × 90,0 . . = 810000
Différence. . 359857

$\sqrt{35,9857}$ = 59,999, soit 60ᵐ, formant le segment A E.

Pour avoir la distance de la perpendiculaire D F de celle C E, on opérera suivant ce qui est indiqué au nº 6, c'est-à-dire qu'on divisera le segment A E par le côté A C.

7

EXEMPLE :

A E $= 60^m,0$, A C $= 108,16$.

$$\frac{60,0}{108,16} = 0,555.$$

C D $= 30^m,0$.

$30,0 \times 0,555 = 16,65$ distance de E à F.

28. Pour obtenir la hauteur de la perpendiculaire D F, on cherchera un rapport entre la perpendiculaire C E de $90^m,0$ et le segment A E de $60^m,0$, le quotient sera le rapport qu'on multipliera par E F de $16^m,65$.

EXEMPLE :

$$\frac{90,0}{60,0} = 1,50.$$

E F de $16^m,65 \times 1,50 = 24^m,97$, lesquels ôtés de C E égal à $90^m,0$, il reste $65^m,03$, représentant la hauteur de la perpendiculaire D F.

Opérations.

1°. Triangle (B E $= 30^m,0$, C E $= 90^m,0$.

   B E C.   (Surface $30,0 \times 90,0$. . . . $= \quad 27^a\,00$

2°. Trapèze (E F $= 16^m,65$, C E $= 90^m,0$, D F

          ($= 65^m,03$.

  C D E F. (Surface $16,65 \times 90,0 + 65,03$. $= \quad 25\,\,81$

3°. Triangle (A F $= 43^m,35$, D F $= 65^m,03$.

   D A F.   (Surface $43,35 \times 65,03$ . . . $= \quad 28\,\,19$

$$\frac{81^a\,00}{2} = 40^a\,50$$

Voir la remarque n° 11.   Dont la moitié est de.   20 25

Attribution.

Le triangle B E C n° 1° $= 27,00$

Le trapèze C D E F n° 2° $= 25,81$

          Ensemble. . 52,81

        Il en faut. . . 40,50   double de ce qui revient

         Excédant de. . 12,31   pour la moitié.

Pour faire la reprise de l'excédant ci-dessus, on le divisera par D E égal à 65^m,03 et l'on aura au quotient 18^m,9.

$$
\begin{aligned}
\text{B E.} \quad &= \quad 30,00 \\
\text{E F.} \quad &= \quad 16,65 \\
\hline
\text{Total} \quad &\quad 46,65 \\
\text{D'où ôtant.} \quad &\quad 18,90 \quad \text{ci-dessus.} \\
\hline
\text{Il restera.} \quad &\quad 27,75 \quad \text{qu'on portera de B en } g.
\end{aligned}
$$

Ainsi A $g = 62^m,25$.

Fig. XVIII. — Diviser entre deux frères un verger d'une forme triangulaire A B C, de manière que l'un d'eux en ait les 3/5e à partir de l'angle B. Ce partage doit être fait de manière que chaque portion de ce verger aboutisse au milieu d'un corridor qui sépare deux habitations.

La surface totale de ce triangle étant de 12^a 38^c

$$
\begin{aligned}
\text{Les 3/5}^e. \quad &= \quad 7^a\,43^c \\
\text{Et les 2/5} \quad &= \quad 4\;95 \\
\hline
\text{Total égal} \quad &\quad 12^a\,38^c
\end{aligned}
$$

On déterminera la hauteur des perpendiculaires C E, D F et le segment B F, en suivant la marche indiquée aux n°s 26, 27 et 28.

Soit la base A B de. . 73^m,5   La perpendicul. D F de   29^m,21

Le segment A E de . 24^m,0   Le côté A C de . . . 41^m,4

La base du trap. E F de 6^m,6   Le côté B C de. . . 59^m,9

La perpendicul. C E de 33^m,7   La distance C D de. . 8^m,0

Le segment B F de . 42^m,9   Et la distance B D de . 54^m,9

Le point D fixé au milieu du corridor peut être considéré comme le sommet d'un angle duquel il faut abaisser sur la base A B la perpendiculaire D F. Pour connaître cette perpendiculaire de 29^m,21 et la distance de E à F, on opérera suivant ce qui est démontré aux n°s 6 et 28. Alors, connaissant la surface d'un des frères de 7^a 43^c représentant les 3/5e de l'héritage et la perpendiculaire D F, on déterminera la base en divisant cette surface par la moitié de cette perpendiculaire ; le quotient de $50^m,9$ exprime la longueur de cette base qu'on portera de B en g. Puis, du point D au point g on tirera la ligne de division D g.

Ainsi B $g = 50^m,9$ et A $g = 22^m,6$.

Fɪɢ. XIX. — Diviser le triangle A B C d'une surface de 40^a en quatre parties égales, par des lignes parallèles à la perpendiculaire C D.

Soit la base A B de . . . . $100^m,0$
Le segment A D de. . . . . $70^m,0$
Le segment B D de. . . . . $30^m,0$
La perpendiculaire C D de. . . . $80^m,0$
Le côté A C de. . . . . $106^m,3$
Et le côté B C de. . . . . $85^m,4$

Calculs.

Triangle A C D
$\begin{cases} A D = 70,0, \; C D = 80,0 \\ \text{Surface } \dfrac{70,0 \times 80,0}{2} \end{cases}$ . . . . $= 28^a 00$

Triangle B C D
$\begin{cases} B D = 30,0, \; C D = 80,0 \\ \text{Surface } \dfrac{30,0 \times 80,0}{2} \end{cases}$ . . . . $= 12 \; 00$

Total. . . $40^a 00$
Dont le $1/4 = 10 \; 00$

Calcul de la première part à partir de l'angle A.

Pour prendre la surface ci-dessus de $10^a 00$, on opérera comme il est démontré au nº 1ᵉʳ.

EXEMPLE :

$$\frac{10,00}{28,00} = 0,357143.$$

$\sqrt{0,357143} = 0,598$, premier rapport géodésique.

A D $= 70,0 \times 0,598 = 41^m,86$, distance de A à i.

A C $= 106,3 \times 0,598 = 63^m,56$, distance de A à h.

Calcul de la deuxième part.

Pour prendre 20ᵃ 00, formant les deux premières parts, on opérera comme ci-dessus.

EXEMPLE :

$$\frac{20,00}{28,00} = 0,714284.$$

$\sqrt{0,714284} = 0,845.$

A D = 70,0 × 0,845 = 59ᵐ,15, d'où ôtant 41ᵐ,86, il reste 17ᵐ,29, qu'on portera de *i* en *j*.

A C = 106,3 × 0,845 = 89ᵐ,82, d'où retranchant 63ᵐ,56, Il restera 26ᵐ,26, qu'on portera de *h* en *g*.

Calcul de la troisième part.

La surface C D *g j*.	=	8ᵃ 00
Et la surface C D *f e*.	=	2 00
Total. . . .		10ᵃ 00

A D = 70ᵐ,0, A *i* = 41,86, *i j* = 17,29.

70,0 — 41,86 + 17,29. . . . . . . = 10ᵐ,85 dist. de D à *j*.

B D = 30ᵐ,0, B *e* = 27ᵐ,39.

30,0 — 27,39. . . . . = 2ᵐ,61 dist. de D à *e*.

Total. . 13ᵐ,46 dist. de *e* à *j*.

A C = 106ᵐ,3, A *h* = 63ᵐ,56, *h g* = 26ᵐ,26.

106,3 — 63,56 + 26,26 = 16ᵐ,48, distance de *g* à C.

B C = 85ᵐ,4, B *f* = 77ᵐ,97.

85,4 — 77,97 = 7ᵐ,43, distance de *f* à C.

Calcul de la quatrième part à partir de l'angle B.

Pour obtenir la quatrième part également de 10ᵃ 00, on la divisera par la surface du triangle B C D de 12 ares.

EXEMPLE :

$$\frac{10,00}{12,00} = 0,833333.$$

$\sqrt{0,833333} = 0,913.$

B D = 30,0 × 0,913 = 27,39, qu'on portera de B en *e*.

B C = 85,4 × 0,913 = 77,97, qu'on portera de B en *f*.

Fig. XX. — Diviser le triangle obtus A B C, d'une surface de 20 ares, en trois parties inégales, par des points donnés sur le côté A C, de manière que la première part, à partir de l'angle A, soit de. 4ᵃ 50ᶜ

La deuxième de 6 50

La troisième de 9 00

Total des parts. 20ᵃ 00

Calculs préparatoires.

La surface du triangle. . . . . . . = 20 ares.

Le côté A B du triangle pris pour la base est de 80 mètres.

Pour obtenir la hauteur de la perpendiculaire, on divisera la surface du triangle par la moitié de sa base A B et l'on aura au quotient 50ᵐ, représentant cette perpendiculaire (n° 26).

Maintenant pour connaître le segment auxiliaire, on opérera suivant ce qui est indiqué au n° 27.

Exemple :

Le côté A C = 130,0, la perpendiculaire = 50,0.

130,0 × 130,0 = 1690000

50,0 × 50,0 = 250000

Différence . 1440000

$\sqrt{1440000}$ = 120,0 d'où ôtant A B de 80ᵐ,0, il reste 40ᵐ,0, segment auxiliaire de B D.

Soit la base A B de. 80ᵐ,0

Le segment auxiliaire B D de. . . 40 0

La perpendiculaire C D de . . . 50 0

Le côté B C de 64 0

Le côté A C de. 130 0

La partie C *g* de 33 0

Et la partie *e g* de 35 0

Pour trouver la distance des perpendiculaires, on opérera suivant le n° 6.

EXEMPLE:

$$\frac{120,0}{130,0} = 0,923.$$

C g = 33^m,0, e g = 35^m,0, A e = 62^m,0.

33,0 × 0,932 = 30^m,46, distance de D à h.

35,0 × 0,932 = 32^m,30,   —   de f à h.

62,0 × 0,932 = 57^m,24   —   de A à f.

Pour trouver la hauteur des perpendiculaires, on opérera suivant le n° 7.

EXEMPLE :

C D = 50,0, A D = 120,0.

$$\frac{50,0}{120,0} = 0,4166.$$

A f = 57^m,24 × 0,4126 = 23^m,85, hauteur de la perpendicul. e f.

A f = 57,24, f h = 32,30.

(57,24 + 32,30) × 0,4166 = 37,30, hauteur de la perpend. g h.

Opérations.

Triangle e A f | A f = 57,24, e f = 23,85.
Surface 57,24 × 23,85 . . . = 13ᵃ 65

Trapèze e f g h | f e = 23,85, g h = 37,30, f h = 32,3.
Surf. (23,85 + 37,30) × 32,3 . = 19 76

Trapèze g h C D | g h = 37,30, C D = 50,0, D h = 30,46.
Surf. (37,30 + 50,0) × 30,46 . = 26 59

60 00

D'où retranch. le triangle C B D

= B D × C D = 40,0 × 50,0 = 20 00

Il reste la surface de $\dfrac{40^a\ 00}{2}$ = 20ᵃ 00

Voir la remarque n° 11.

Attributions. — Rapport des bases parcellaires.

Triangle
$e \, \mathrm{A} \, f \; = \;$ 13ᵃ 65ᶜ
Il en faut. .   9 00
____
Excédant de.   4 65
_______________ = 19,49
          23 85
═══════════

A $f =$ 57,24
  —   19,49
____
    37,75 dist. de A à f.
═══════════════

Rapport de .   4 65   ci-dessus.
  Trapèze
$e \, f \, g \, h \; = \;$ 19 76
____
          24 41
Il en faut. . 13 00
____
Excédant de. 11 41
_______________ = 30,59
          37 30
═══════════

Rapport de ·19,49 ci-dessus.
$f \, h \; = \;$ 32,30
____
          51,79
  —   30,59
____
    21,20 dist. de f à h.
═══════════════

Rapport de . 11 41 ci-dessus.
$g \, h \, e \, \mathrm{D} \; = \;$ 26 59
____
          38 00
Il en faut. . 18 00
____
Excédant de. 20 00
_______________ = 40,0
          50 00
═══════════

Rapport de 30,59 ci-dessus.
$\mathrm{D} \, h \; = \;$ 30,46
____
          61,05
  —   40,00
____
  Il reste 21,05 dist. de B à h.
═══════════════

Fɪɢ. XXI. — On propose de prendre le quart du triangle A B C, d'une surface de 30 ares, de manière que la ligne de division soit parallèle au côté B C.

Sᴏʟᴜᴛɪᴏɴ.

Pour diviser un triangle parallèlement à l'un des côtés, on divise la quantité à prendre par la surface totale; on extrait ensuite la racine carrée du quotient, et la racine est le multiplicateur géodésique, par lequel on multiplie les deux côtés du triangle pour obtenir la quantité de mètres à prendre sur chacun d'eux.

EXEMPLE :

La surface = 30ᵃ 00 Et le 1/4 = 7ᵃ 50.

$$\frac{7,50}{30,00} = 0,25.$$

$\sqrt{0,25} = 0,5$, multiplicateur géodésique.

Le côté A B = 104ᵐ,0.

Le côté A C = 107ᵐ,7.

104,0 × 0,5 = 52ᵐ,0, distance de A à *e*.

107,7 × 0,5 = 53ᵐ,85, distance de A à *d*.

En tirant la ligne de division *d e*, on aura la surface du triangle A *d e* égale au quart de la surface du triangle A B C.

Puisque la ligne *d e* doit être parallèle à la ligne B C, il s'ensuit que le triangle A *d e* sera semblable au triangle A B C; or, dans les triangles semblables, les surfaces sont entr'elles comme les carrés des côtés homologues; on a donc la proportion : surface A B C : surf. A *d e* :: A B² : A *e*², donc $A\,e^2 = \dfrac{\text{surf. A } d\,e}{\text{surf. A B C}} \times A\,B^2$, tirant la racine carrée de chaque membre de l'équation, on a $A\,e = \sqrt{\dfrac{\text{surf. A } d\,e}{\text{surf. A B C}}} \times A\,B$, c'est-à-dire que pour obtenir A *e* il faut diviser la surface A *d e* par la surface A B C, extraire la racine carrée du quotient, et ensuite multiplier le côté A B par cette racine. Pour obtenir A *d*, il faut multiplier également A C par la même racine. On voit, par tout ce qui précède, qu'il n'y a qu'à chercher cette racine qu'on appelle multiplicateur géodésique, et qu'en la multipliant par les deux côtés A B et A C du triangle on obtient A *d* et A *e*.

Fɪɢ. XXII. — Diviser le triangle A B C, dont la surface n'est pas connue, en trois parties inégales, par des lignes menées parallèlement au côté A B, de manière que la première part, à

8

partir de l'angle A, soit les 25/100ᵉ de la surface de ce triangle,

La deuxième les. . 30/100ᵉ

Et la troisième les. . 45/100ᵉ

Ensemble. . . 100/100ᵉ

Soit le côté A B de. 100ᵐ,0

Le côté A C de. 78ᵐ,1

Et le côté B C de. 64ᵐ,0

29. Pour faire cette division, il faut considérer le dénominateur d'une fraction comme représentant la surface du triangle, et le numérateur comme la quantité à prendre pour chaque copartageant. Dans ce cas, on opérera comme il est démontré à la figure XXI qui précède.

Calcul de la première part.

SOLUTION.

$$\frac{25}{100} = 0,2500.$$

$\sqrt{0,2500} = 0,50$, premier multiplicateur géodésique.

Le côté A C = 78ᵐ,1

Le côté B C = 64ᵐ,0

78,1 × 0,50 = 39,05, qu'on portera de C en *d.*

64,0 × 0,50 = 32,0, qu'on portera de C en *e.*

Calcul de la deuxième part.

La première et la deuxième part = 55/100.

SOLUTION.

$$\frac{55}{100} = 0,550000.$$

$\sqrt{0,550000} = 0,7416$, deuxième multiplicateur géodésique.

78,1 × 0,7416 = 57ᵐ,92, d'où ôtant C *d* de 39ᵐ,05, il restera 18ᵐ,87, qu'on portera de *d* en *f.*

64,0 × 0,7416 = 47ᵐ,46, d'où retranchant C *e* de 32ᵐ,0, il restera 15ᵐ,46, qu'on portera de *e* en *g.*

78^m,10 — 57,92 = 20^m,18, distance de A à *f*.

64^m,00 — 47,46 = 16^m,54, distance de B à *g*.

NOTA. Les trois côtés du triangle étant connus, on trouvera
que la surface de ce triangle est de. . . . . 25^a

Dont les 25/100e sont de. 6 25

Les 30/100 sont de. 7 50

Les 45/100 sont de. 11 25

Total égal. . . . 25^a 00

Preuve du triangle.

La surface du triangle étant de 25 ares, on la divisera par
50^m,0, moitié du côté A B, et l'on aura un quotient de 50^m,0,
qui sera la hauteur de la perpendiculaire C D.

Pour connaître la longueur des lignes *d e*, *f g*, les perpendiculaires C *i*, *i h*, D *h*, on multipliera le côté A B et la perpendiculaire
C D par les deux rapports géodésiques 0,50, 0,7416.

C D = 50 mètres.

50^m,0 × 0,50 = 25^m,0, hauteur de la perpendiculaire C *i*.

50^m,0 × 0,7416 = 37^m,08 — 25^m,0 ci dessus = 12^m,08, hauteur de la perpendiculaire *i h*.

C D = 50^m,0 — 37,08 ci-dessus = 12^m,92, hauteur de la perpendiculaire D *i*.

A B = 100^m,0

100^m,0 × 0,50 = 50^m,0, distance de *d* à *e*.

100^m,0 × 0,7416 = 74^m,16, distance de *f* à *g*.

Calculs des parcelles.

Triangle *d* C *e*
$d\ e = 50^m,0,\ C\ i = 25^m,0.$
Surface $\dfrac{50,0 \times 25,0}{2} = \dfrac{12,50}{2}$ . . . . = 6^a 25

Trapèze *d e f g*
$d\ e = 50^m,0,\ f\ g = 74,16,\ i\ h = 12,08.$
Surface $\dfrac{(50,0 + 74,16) \times 12,08}{2} = \dfrac{15,00}{2}$ = 7 50

A reporter. . . 13^a 75

Report. . . . 13ª 75

Trapèze
$f\,g$ A B
$\begin{cases} f\,g = 74^{\mathrm{m}},16,\ \mathrm{A\,B} = 100,0,\ \mathrm{D}\,h = 12,92. \\ \text{Surf. } \dfrac{(74,16 + 100,0) \times 12,92) = 22,50}{2} \quad \dfrac{}{2} \end{cases}$ $= 11\ 25$

Surface égale à celle du triangle A B C.   . 25ª 00

Fɪɢ. XXIII. — Diviser le triangle A B C, d'une surface de 34ª 76ᶜ, en trois parties égales, par trois lignes menées du sommet de ces angles à un point trouvé dans l'intérieur de ce triangle.

Soit la base A B de. 90ᵐ,0
Le côté A C de. 96 0
Le côté B C de 84 0

30. Ce problème est facile à résoudre. On tirera deux parallèles, l'une au côté B C et l'autre au côté A C, en prenant : 1º la distance B g égale au tiers de A B ; 2º celle C f égale au tiers de A C ; 3º celle d C égale au tiers de B C ; 4º et celle A e égale au tiers de A B. On tirera la ligne $f\,g$ et celle $d\,e$, et du point d'intersection en o, où se coupent les deux lignes, on mènera des angles A, B, C, les lignes A o, B o, C o, qui diviseront le triangle en trois parties égales.

31. On partagera également ce triangle en prenant : 1º la partie B g égale au tiers de A B ; 2º la partie C f égale au tiers de A C ; on tirera la ligne $f\,g$ qu'on mesurera ; puis du milieu de cette ligne en o et du sommet des angles A, B, C, on mènera les lignes de division A o, B o, C o.

Preuve de la division du triangle.

Triangle
A o B
$\begin{cases} \mathrm{A\,B} = 90^{\mathrm{m}},0,\ o\,h = 25^{\mathrm{m}},75. \\ \text{Surface } \dfrac{90,0 \times 25,75}{2} \quad \ldots \ldots \end{cases}$ $= 11ª\ 587$

A reporter. 11ª 587

$$\text{Report.} \quad \ldots \quad 11\text{\tiny a}\,587$$

$$\text{Triangle A } o \text{ C} \quad \begin{cases} \text{A C} = 96^{\mathrm{m}},0, \; o\; i = 24^{\mathrm{m}},14. \\ \text{Surface } \dfrac{96,0 \times 24,14}{2} \quad \ldots \ldots \; = \; 11\;587 \end{cases}$$

$$\text{Triangle B } o \text{ C} \quad \begin{cases} \text{B C} = 84^{\mathrm{m}},0, \; o\; j = 27^{\mathrm{m}},58. \\ \text{Surface } \dfrac{84,0 \times 27,58}{2} \quad \ldots \ldots \; = \; 11\;587 \end{cases}$$

$$\text{Total égal.} \quad \ldots \quad 34\text{\tiny a}\,761$$

DÉMONSTRATION.

32. Le triangle A B C est divisé en trois parties égales par les lignes A o, B o, C o. En effet, il est évident qu'en tirant du sommet de l'angle C, la ligne C e, le triangle A C e est égal au tiers du triangle A B C, la partie A e étant le tiers de la base A B. Mais le triangle A o C est aussi égal au triangle A C e comme ayant la même base et la même hauteur à cause des parallèles A C et $d\,e$; par conséquent ces triangles sont égaux. On démontrerait de la même manière que les deux triangles A o B et B o C sont égaux chacun au tiers du triangle A B C.

Fig. XXIV. — Diviser le triangle A B C en cinq parties qui soient entr'elles, dans le rapport des nombres 2 · 4 · 6 . 8 . 10, par des lignes partant d'un point E pris sur la base A B, de manière que chaque part présente un triangle.

33. Avant de déterminer le point E, d'où doivent partir les lignes de division de chacun des triangles, il est indispensable de connaître la surface du triangle et celle de chaque triangle partiel.

Pour le premier cas, on mesurera la base A B et les côtés A C, B C.

$$\text{Soit la base A B de} \cdot \ldots \ldots \; 200^{\mathrm{m}},0$$
$$\text{Le côté A C de.} \ldots \ldots \; 216^{\mathrm{m}},4$$
$$\text{Et le côté B C de.} \ldots \ldots \; 144^{\mathrm{m}},2$$

D'après ces données, on calculera la surface du triangle qu'on trouvera de 1^{h} 80^{a} 00^{c}.

Pour le deuxième cas, on divisera la surface du triangle de 180 ares par 30, formant la somme des cinq nombres proposés; le quotient 6 sera le rapport qu'on multipliera par les nombres 2, 4, 6, 8, 10, pour faire connaître chaque part.

Première	part	2×6	=	12ᵃ 00
Deuxième	—	4×6	=	24 00
Troisième	—	6×6	=	36 00
Quatrième	—	8×6	=	48 00
Cinquième	—	10×6	=	60 00

Total égal à la surf. du triangle   180ᵃ 00

Pour avoir la hauteur de la perpendiculaire C D du triangle, on divisera le double de la surface par la base A B, et l'on aura au quotient 180 mètres, représentant cette perpendiculaire (n° 26).

Pour déterminer le point E, d'où l'on doit tirer les lignes de division de chacun des triangles, on divisera 36 ares, comprenant la première et la deuxième part, par 90 mètres, moitié de la perpendiculaire C D ; le quotient sera de 40 mètres qu'on portera de B en E. Du sommet de l'angle C au point E, on tirera la ligne de division C E.

La surface du triangle B C E de 36 ares étant connue, on la divisera par 72ᵐ,1, moitié du côté B C, pour connaître la hauteur de la perpendiculaire E f ; le quotient de 50 mètres, indique cette perpendiculaire (n° 26).

Calculs de la première part à partir de l'angle B.

On divisera la première part de 12 ares par 25 mètres, moitié de la perpendiculaire E f, et le quotient de 48ᵐ,06 sera porté de B en g. De l'angle E au point g, on tirera la ligne de division E g, qui représentera le tiers du triangle B C E.

Le triangle C E g, de 24 ares, est égal aux deux tiers du triangle B C E ; et la distance de C à g est de 96ᵐ,14.

Calculs préparatoires pour effectuer la division du triangle A C E.

La surface de ce triangle étant de 144 ares, on la divisera

par 108^m,2, moitié du côté A C, et le quotient de 133^m,1 sera la hauteur de la perpendiculaire E *h*.

Calculs de la troisième part à partir de l'angle A.

On divisera cette troisième part de 36 ares par 66^m,55, moitié de la perpendiculaire E *h*, et l'on aura au quotient 54^m,09 qu'on portera de A en *i*. Puis de l'angle E au point *i*, on tirera la ligne de division E *i*.

Calculs de la quatrième part.

On divisera la surface de la quatrième part de 48 ares par 66^m,55, moitié de la perpendiculaire E *h*, on aura au quotient 72^m,13 qu'on portera de *i* en *j*. Du sommet de l'angle E au point *j* on tirera la ligne de division E *j*.

La distance de C à *j* de la cinquième part de la contenance de 60 ares, sera de 90^m,18.

Fig. **XXV.** — Connaissant la longueur de chaque côté d'un terrain présentant une forme triangulaire, on propose d'en déterminer la surface.

Soit le côté **A B** de . . . . 70^m,0
Le côté **B C** de . . . . 90^m,0
Et le côté **A C** de . . . . 80^m,0

34. 1° On ajoute ensemble la longueur des trois côtés ainsi qu'il suit :

$$(70,0 + 90,0 + 80,0) = 240^m,0.$$

2° On prend la moitié de cette somme et l'on a $\dfrac{240,0}{2} = 120,0.$

3° On retranche successivement de 120^m,0, chacun des trois côtés. Ainsi :

$$120^m,0 - 70^m,0 = 50^m,0 \text{ (1}^{er}\text{ reste).}$$
$$120^m,0 - 90^m,0 = 30^m,0 \text{ (2}^e\text{ reste).}$$
$$120^m,0 - 80^m,0 = 40^m,0 \text{ (3}^e\text{ reste).}$$

4° On multiplie le premier reste par le second, ce qui donne :

$$50^m,0 \times 30^m,0 = 1500^m,00.$$

5º On multiplie ce produit par le troisième reste, et l'on a le produit de :

$$1500^{\mathrm{m}},00 \times 40^{\mathrm{m}},0 = 60.000.$$

6º Qu'on multiplie par $120^{\mathrm{m}},0$, demi-somme des trois côtés, et l'on a :

$$60.000 \times 120,0 = 7.200.000.$$

7º On extrait la racine carrée de ce dernier produit, à moins d'un centiare près, et l'on a :

$$\sqrt{7.200.000} = 26,83.$$

ou 26 ares 83 centiares, représentant la surface du triangle proposé.

35. On déduira, de ce qui précède, la règle générale qui suit :

On fait la somme des trois côtés, on en prend la moitié, puis on retranche successivement, de cette demi-somme, chacun des côtés, on obtient trois restes qu'on multiplie les uns par les autres, on multiplie le dernier produit par la demi-somme, enfin on extrait la racine carrée de ce dernier produit, et la racine représente la surface du triangle.

MESURE DE QUELQUES QUADRILATÈRES.

Fig. XXVI. — Trouver la surface du quadrilatère irrégulier A B C D.

36. On peut obtenir la surface du quadrilatère ci-dessus de trois manières différentes, mais en faisant toujours deux multiplications.

Première manière.

$$A D e = \frac{D e \times A e}{2} = \frac{44^{\mathrm{m}},0 \times 30^{\mathrm{m}},0}{2} = \frac{13,20}{2} = . \quad . \quad 6^{\mathrm{a}} 60$$

$$e B C D = \frac{e B \times (D e + B C)}{2} = \frac{70,0 \times (44,0 + 56,0)}{2}$$

$$= \frac{70,00}{2} = . \quad . \quad . \quad . \quad . \quad . \quad . \quad . \quad . \quad . \quad . \quad . \quad 35 \ 00$$

La surface du quadrilatère A B C D égale. $41^{\mathrm{a}} 60$

On sait que la surface d'un trapèze e B C D est égale à la moitié du produit qu'on a obtenu, en multipliant la base E B par la somme des deux côtés parallèles D e B C. On l'a démontré de diverses manières : 1° On a fait voir que e B C D $=$ e D B $+$ B C D. Or, e D B $= \dfrac{\text{D } e \times e \text{ B,}}{2}$ et B D C est un triangle qui a pour base B C, et pour hauteur la perpendiculaire D p qui est égale à e B; la surface B D C est donc $\dfrac{\text{B C} \times \text{D } p}{2}$ ou $\dfrac{\text{B C} \times e \text{ B.}}{2}$ On a donc e D B $+$ B D C $= e$ B C D $=$

$$\frac{\text{D } e \times e \text{ B}}{2} + \frac{\text{B C} \times e \text{ B}}{2} = \frac{(\text{D } e + \text{B C}) \times \text{B } e.}{2}$$

2° On a fait voir aussi que e D C B est équivalent à deux triangles e D B et e C B, car le triangle e D B s'aperçoit ostensiblement. Quant à e C B, il faut remarquer que les triangles e C D, B D C sont égaux comme ayant la même base C B et la même hauteur e B ou D p, attendu qu'ils sont compris entre parallèles et qu'ainsi on peut substituer e C B à B D C. Ainsi la surface de e D C B se trouve égale à e D B $+$ e C B $= e$ D $\times$ e B $+$ C B $\times$ e B $= (e$ D $+$ C B$) \times e$ B.

37. Remarque. Si du triangle B D C on retranche B o C, il reste D o C; et si du triangle B e C on retranche B o C, il reste e o B; or, les triangles B D C, B e C étant égaux et la partie retranchée étant la même, il s'ensuit que les restes e o B, D o C sont aussi égaux : d'où l'on conclut que si le triangle D o C ne fait pas partie du calcul, son équivalent e o B s'y trouve deux fois.

Deuxième manière d'évaluer la surface A B C D.

Triangle A D B $\left\{ \begin{array}{l} \text{A } e = 30^\text{m},0,\ e \text{ B} = 70^\text{m},0,\ \text{D } e = 44^\text{m},0. \\ \text{Surface } \dfrac{(30,0 + 70,0) \times 44,0}{2} = \dfrac{44,00}{2} \quad . \quad = \quad 22^\text{a}\,00 \end{array} \right.$

A reporter. . . $22^\text{a}\,00$

9

Report. . . . 22ᵃ 00

Triangle *e* C B
$$B\,e = 70^{\mathrm{m}},0,\ C\,B = 56^{\mathrm{m}},0.$$
$$\text{Surface } \frac{70,0 \times 56,0}{2} = \frac{39,20}{2} . \quad . \quad . \quad . = 19\ 60$$

A B C D = le triangle A D B + le triangle *e* C B = 41ᵃ 60

Troisième manière de calculer la surface A B C D.

$$\text{Surf. A B C D} = \frac{(A\,B + e\,B) \times D\,e}{2} + \frac{e\,B \times (C\,D - e\,D.)}{2}$$

A B = 100ᵐ,0, *e* B = 70ᵐ,0, D *e* — 44ᵐ,0.

$$\text{Surface } \frac{(100,0 + 70,0) \times 44,0}{2} = \frac{74,80}{2} \quad . \quad . \quad . \quad . \quad 37^{a}\ 40$$

e B = 70ᵐ,0, C B = 56,0, — D *e* égal à 44,0 = 12,0.

$$\text{Surface } \frac{70,0 \times 12,0}{2} = \frac{8,40}{2} . \quad . \quad . \quad . \quad . \quad . \quad 4\ 20$$

Surface égale. . . . 41ᵃ 60

Noᴛᴀ. Cette dernière manière d'opérer ne se fait pas habituellement.

Fɪɢ. XXVII. — On propose de déterminer la surface du quadrilatère irrégulier A B C D.

Soit la base A B de . .	80ᵐ,0	Le segment B *f* de . .	20ᵐ,0
Le segment A *e* de . .	10ᵐ,0	La perpendicul. D *e* de.	40ᵐ,0
La base *e f* du trap. de.	50ᵐ,0	Et la perpendic. C *f* de.	60ᵐ,0

Oᴘᴇ́ʀᴀᴛɪᴏɴs.

Première manière de trouver la surface.

Triangle A D *e*
$$A\,e = 10^{\mathrm{m}},0,\ D\,e = 40^{\mathrm{m}},0.$$
$$\text{Surface } \frac{10,0 \times 40,0}{2} . \quad . \quad . \quad . \quad . = 2^{a}\ 00$$

Trapèze D *e* C *f*
$$e\,f = 50^{\mathrm{m}},0,\ D\,e = 40^{\mathrm{m}},0,\ C\,f = 60^{\mathrm{m}},0.$$
$$\text{Surface } \frac{50,0 \times (40,0 + 60,0)}{2} = \frac{50,00}{2} \quad . = 25\ 00$$

A reporter. . . 27ᵃ 00

$$\text{Report.} \quad \dots \quad 27^{\text{a}} \, 00$$

Triangle B C f
$$B f = 20^{\text{m}},0, \quad C f = 60^{\text{m}},0.$$
$$\text{Surface } \frac{20,0 \times 60,0}{2} = \frac{12,00}{2} \quad \dots \quad = \quad 6 \, 00$$

$$\text{La surface du quadrilatère A B C D égale} \quad 33^{\text{a}} \, 00$$

Deuxième manière d'évaluer la surface.

Triangle A D f
$$A e = 10^{\text{m}},0, \quad e f = 50^{\text{m}},0, \quad D e = 40^{\text{m}},0.$$
$$\text{Surface } \frac{(10,0 + 50,0) \times 40,0}{2} = \frac{24,00}{2} \quad = \quad 12^{\text{a}} \, 00$$

Triangle e C B
$$e f = 50^{\text{m}},0, \quad f B = 20^{\text{m}},0, \quad C f = 60^{\text{m}},0.$$
$$\text{Surface } \frac{(50,0 + 20,0) \times 60,0}{2} = \frac{42,00}{2} \quad = \quad 21 \, 00$$

$$A B C D = \text{le triangle A D } f + \text{le triangle } e \text{ C B} = \quad 33^{\text{a}} \, 00$$

Fig. XXVIII. — Déterminer la surface du quadrilatère irrégulier A B C D.

Soit la base A B de . . 70^{m},0   Le segment auxil. B f de   10^{m},0
Le segment A e de . . 20^{m},0   La perpendicul. D e de.   60^{m},0
Et la perpendiculaire C f de . . . 40^{m},0

OPÉRATIONS.

Triangle A D e
$$A e = 20^{\text{m}},0, \quad D e = 60^{\text{m}},0.$$
$$\text{Surface } \frac{20,0 \times 60,0}{2} = \frac{12,00}{2} \quad \dots \quad = \quad 6^{\text{a}} \, 00$$

Trapèze D e C f
$$e B = 50^{\text{m}},0, \quad B f = 10^{\text{m}},0, \quad D e = 60^{\text{m}},0,$$
$$C f = 40^{\text{m}},0.$$
$$\text{Surf. } \frac{(50,0 + 10,0) \times (60,0 + 40)}{2} = \frac{60,00}{2} = \quad 30 \, 00$$

$$36^{\text{a}} \, 00$$

$$\text{D'où ôtant la surface du triangle B C } f = \frac{B f \times C f}{2}$$

$$= \frac{10,0 \times 40,0}{2} = \frac{4,00}{2} \quad \dots \quad = \quad 2 \, 00$$

$$\text{Il reste la surface égale à.} \quad \dots \quad 34^{\text{a}} \, 00$$

Deuxième manière de calculer la surface du quadrilatère proposé.

Triangle
A D *f*

$$\left\{\begin{array}{l} \text{A } e = 20^{m},0, \; e\text{ B} = 50^{m},0, \; \text{B } f = 10^{m},0, \\ \quad \text{D } e = 60^{m},0. \\ \text{Surf. } \dfrac{(20,0 + 50,0 + 10,0) \times 60,0}{2} = \dfrac{48,00}{2} = \end{array}\right. \quad 24^{a}\,00$$

Triangle
e C B

$$\left\{\begin{array}{l} e\text{ B} = 50^{m},0, \; \text{C } f = 40^{m},0. \\ \text{Surface } \dfrac{50,0 \times 40,0}{2} = \dfrac{20,00}{2} \quad . \quad . \quad . = \end{array}\right. \quad 10\,00$$

A B C D = le triangle A D *f* + le triangle *e* C B =   34ᵃ 00

Fɪɢ. XXIX. — Trouver la surface du quadrilatère irrégulier
A B C D.

Soit la base A B de 60ᵐ,0
Le segment auxiliaire *e* A de . . . 20ᵐ,0
Le segment auxiliaire B *f* de . . . 10ᵐ,0
La perpendiculaire D *e* de 60ᵐ,0
La perpenpiculaire C *f* de 40ᵐ,0
Et la base du trapèze *e* *f* de . . . 90ᵐ,0

Opérations.

Trapèze
e f C D

$$\left\{\begin{array}{l} e\text{ A} = 20^{m},0, \; \text{A B} = 60^{m},0, \; \text{B } f = 10^{m},0, \; \text{D } e \\ \quad = 60^{m},0, \; \text{C } f = 40^{m},0. \\ \text{Surface } \dfrac{(20,0 + 60,0 + 10,0) \times (60,0 + 40,0)}{2} \\ \quad = \dfrac{90,00}{2} \quad . \quad . \quad . \quad . \quad . \quad . \quad . \quad . = \end{array}\right. \quad 45^{a}\,00$$

D'où ôtant la surface du triangle auxiliaire A D *e*

$$= \frac{\text{A } e \times \text{D } e}{2} = \frac{20,0 \times 60,0}{2} = \frac{12,00}{2} \quad . \quad = \quad 6\cdot 00$$

Plus la surface du triangle auxiliaire B C *f*

$$= \frac{\text{B } f \times \text{C } f}{2} = \frac{10,0 \times 40,0}{2} = \frac{4,00}{2} \quad . \quad = \quad 2\,00$$

$$= \quad 8\,00$$

Il reste la surface égale à. . . 37ᵃ 00

Deuxième manière d'évaluer la surface du même quadrilatère.

Triangle *e* C B
$\begin{cases} e\ \text{A} = 20^{\text{m}},0,\ \text{A B} = 60^{\text{m}},0,\ \text{C}\ f = 40^{\text{m}},0. \\ \text{Surface } \dfrac{(20,0 + 60,0) \times 40,0}{2} = \dfrac{32,00}{2} \cdot = 16^{\text{a}}\ 00 \end{cases}$

Triangle A D *f*
$\begin{cases} \text{A B} = 60^{\text{m}},0,\ \text{B}\ f = 10^{\text{m}},0,\ \text{D}\ e = 60^{\text{m}},0. \\ \text{Surface } \dfrac{(60,0 + 10,0) \times 60,0}{2} = \dfrac{42,00}{2} \cdot = 21\ 00 \end{cases}$

A B C D = le triangle *e* C B + le triangle A D *f* = 37ᵃ 00

Fɪɢ. XXX. — Calculer la surface de chaque parcelle renfermée dans le quadrilatère A B C D, d'une surface totale de 1ʰ 93ᵃ 57ᶜ.

Soit la base A B du quadrilatère de . . 150ᵐ,0
    Le segment A *e* de 93ᵐ,0
    La perpendiculaire D *e* de 160ᵐ,8
    Le segment auxiliaire B *f* de . . 50ᵐ,0
    La perpendiculaire C *f* de 115ᵐ,0
    Et le côté C D de 117ᵐ,1

D'après ces données, on calculera la surface du quadrilatère qu'on trouvera de 1ʰ 93ᵃ 57ᶜ.

38. Pour connaître la surface de chaque quadrilatère D *h l p*, *k o l p*, *j n k o*, etc., renfermé dans le triangle D C *h*, on abaisse ordinairement du sommet de tous les angles des perpendiculaires qu'on est obligé de mesurer, ce qui demande beaucoup de temps, exige beaucoup de calculs et peut occasionner des confusions dans les chiffres.

Voici une méthode bien simple et bien expéditive pour obtenir le même résultat.

On abaissera sur la perpendiculaire D *e* celle C *g* qu'on prolongera en *h*, et qui sera parallèle à la base A B; puis, on mesurera tant sur cette parallèle C *g* que sur l'hypothénuse C D la distance de tous les points de divivion C *m*, *m n*, *n o*, *o p*, *p g*, *g h*; C *i*, *i j*, *j k*, *k l*, *l* D.

39. Puis, pour trouver la hauteur des perpendiculaires des angles $i\,j\,k\,l$, sans le secours de l'équerre, on divisera la perpendiculaire D g de $45^m,8$ par l'hypothénuse C D de $117^m,1$: le quotient donnera le rapport unitaire de 0,3911

On multipliera ce rapport par les hypothénuses partielles pour connaitre la hauteur des perpendiculaires

EXEMPLE:

1°. C $i = 22^m,34$.

22,34 × 0,3911 = $9^m,16$, représentant la hauteur de la perpendiculaire i

2°. C $i = 22^m,34$, + $i\,j$ de $22^m,34 = 44^m,68$.

44,68 × 0,3911 = $18^m,32$, hauteur de la perpendiculaire j.

3° C $i = 22^m,34 + i\,j$ de $22^m,34 + j\,k$ de $22^m,34 = 67^m,02$.

67,02 × 0,3911 = $27^m,48$, hauteur de la perpendiculaire k.

4°. C $i = 22^m,34 + i\,j$ de $22^m,34 + j\,k$ de $22^m,34 + k\,l$ de $22^m,34$
$= 89^m,36$.

$89^m,36$ × 0,3911 = $36^m,64$, hauteur de la perpendiculaire l.

OPÉRATIONS.

Calcul de la parcelle n° 1ᵉʳ.

Triangle i C m
$$C\,m = 25^m,0,\ i = 9^m,16.$$
$$\text{Surface } \frac{25,0 \times 9,16}{2} \quad \ldots \quad = \quad 1^a 145$$

Trapèze C m B t
$$C\,m = 25^m,0,\ B\,t = 30,0,\ e\,g = 115,0.$$
$$\text{Surface } \frac{(25,0 + 30,0) \times 115,0}{2} \quad \ldots = \quad 31\ 625$$

La surface C $i\,m$ B t égale. . . $32^a 770$

Calcul de la parcelle n° 2.

Triangle C $j\,n$
$$C\,m = 25^m,0,\ m\,n = 25^m,0,\ j = 18^m,32.$$
$$\text{Surface } \frac{(25,0 + 25,0) \times 18,32}{2} \quad \ldots = \quad 4^a 58$$

A reporter. . . . $4^a 58$

Report. . . . 4ª 58

Trapèze $m\,n\,s\,t$
$$m\,n = 25^m,0,\ s\,t = 30^m,0,\ e\,g = 115^m,0.$$
$$\text{Surf. } \frac{(25,0 + 30,0) \times 115,0)}{2} \quad . \ . \ . \ = 31\ 625$$

36ª 205

D'où ôtant de la parcelle nº 1er la surface du triangle $i\,C\,m$, égale à. 1 145

Il reste la surface de. . . 35ª 06ᶜ

Calcul de la parcelle nº 3.

Triangle $C\,o\,k$
$$C\,m = 25^m,0,\ m\,n = 25^m,0,\ n\,o = 25^m,0,$$
$$k = 27^m,48.$$
$$\text{Surface } \frac{(25,0 + 25,0 + 25,0) \times 27,48}{2} \quad . \ = 10^a\ 305$$

Trapèze $n\,o\,r\,s$
$$n\,o = 25^m,0,\ r\,s = 30^m,0,\ e\,g = 115^m,0.$$
$$\text{Surface } \frac{(25,0 + 30,0) \times 115,0}{2} \quad . \ . \ . \ = 31\ 625$$

41ª 930

D'où ôtant de la parcelle nº 2 la surface du triangle $C\,j\,n$, égale à. 4 58

Il reste la surface de. . . 37ª 350

Calcul de la parcelle nº 4.

Triangle $l\,C\,p$
$$C\,m = 25^m,0,\ m\,n = 25^m,0,\ n\,o = 25^m,0,$$
$$o\,p = 25^m,0,\ l = 36^m,64.$$
$$\text{Surf. } \frac{(25,0 + 25,0 + 25,0 + 25,0) \times 36,64}{2} = 18^a\ 32$$

Trapèze $o\,p\,q\,r$
$$o\,p = 25^m,0,\ q\,r = 30^m,0,\ e\,g = 115^m,0.$$
$$\text{Surface } \frac{(25,0 + 30,0) \times 115,0}{2} \quad . \ . \ . \ = 31\ 625$$

49ª 945

D'où ôtant de la parcelle nº 3 la surface du triangle $C\,o\,k$, égale à. 10 305

Il reste la surface de. . . 39ª 640

Calcul de la parcelle n° 5.

Triangle
D C h
$\begin{cases} C\,m = 25^m,0, \ m\,n = 25^m,0, \ n\,o = 25^m,0, \\ o\,p = 25^m,0, \ p\,g\,h = 33^m,5, \ D\,g = 45^m,8. \\ \text{Surf.} \ \dfrac{25,0+25,0+25,0+25,0+33,5 \times 45,8}{2} = 30^a\,56 \end{cases}$

Trapèze
p g h A q
$\begin{cases} p\,g\,h = 33^m,5, \ A\,q = 30^m,0, \ C\,e = 115^m,0. \\ \text{Surface} \ \dfrac{(33,5 + 30,0) \times 115,0}{2} \ \ldots \ldots = 36\ 51 \end{cases}$

$$\overline{} \quad 67^a\ 07$$

D'où ôtant de la parcelle n° 4 la surface du
triangle *l* C *p* de. 18 32

Il restera la surface de. . 48ª 75

Récapitulation.

La surface du n° 1er est de. . . . 32ª 77^c
   —   n° 2   — 35 06
   —   n° 3   — 37 35
   —   n° 4   — 39 64
   —   n° 5   — 48 75

Total égal. . . 1^h 93ª 57^c

Nota. C'est la seule marche qu'on doive adopter pour simplifier
les opérations d'arpentage, quelle que soit l'irrégularité des quadrilatères. Si, d'après le résultat de chaque figure, il y avait une
reprise de terrain à faire, soit, par exemple, à la 4e parcelle, dans
ce cas, on ajouterait à la perpendiculaire *e g* égale à 145^m,0, la
perpendiculaire *l* égale à 36^m,64 (ensemble 154^m,64) pour effectuer
cette reprise.

Fig. XXXI. — Trouver la superficie de chaque pièce de terre
renfermée dans le polygone A B C D E F G H, d'une surface
totale de 2^h 45ª 25^c.

Pour résoudre ce problème, on abaissera sur A C, pris pour
base, une perpendiculaire B *r* et une autre G *o* qu'on prolongera

en M et sur laquelle on abaissera celles D M, *d e*, celle H I jusqu'à son prolongement en J, celle K F qu'on prolongera en L et sur laquelle on abaissera la perpendiculaire E L.

Soit la base A C de 150 mètres et sur cette ligne la distance A T de 25 mètres, celle T S de 25 mètres, S R de 12 mètres 5 décimètres, Q R de 12 mètres 5 décimètres, P Q de 25 mètres, O P de 13 mètres et O U de 12 mètres, C U de 25 mètres, la perpendiculaire B R de 23 mètres, la perpendiculaire G O de 110 mètres et sur cette ligne la distance O K de 70 mètres, celle de I K de 20 mètres, I *d* de 8 mètres 7 décimètres, *d* G de 11 mètres 3 décimètres, la perpendiculaire *d e* de 15 mètres 9 décimètres, le prolongement I J de 11 mètres 3 décimètres, la perpendiculaire H I de 51 mètres 2 décimètres et sur cette ligne la distance H *a* de 20 mètres, celle *a c* de 20 mètres, *c* I de 11 mètres 2 décimètres, la perpendiculaire K F prolongée en L de 142 mètres et sur cette ligne la distance K *f* de 20 mètres, celle *f i* de 20 mètres, *i* F de 20 mètres, F *j* de 20 mètres, *j m* de 20 mètres, *m n* de 20 mètres, *n p* de 20 mètres, *p* L de 2 mètres, le prolongement de la perpendiculaire G O en M de 40 mètres, la perpendiculaire C N de 40 mètres, celle D M de 134 mètres 8 décimètres, et sur cette ligne la distance M V de 23 mètres 6 décimètres, celle V N de 13 mètres 4 décimètres, N X de 14 mètres 4 décimètres, X Y de 27 mètres 8 décimètres, Y Z de 27 mètres 8 décimètres, Z D de 27 mètres 8 décimètres; le côté A B de 66 mètres 6 décimètres et sur cette ligne la distance A *x* du 21 mètres 8 décimètres, *x v* de 22 mètres 4 décimètres, *v* B de 22 mètres 4 décimètres, le côté B C de 90 mètres 5 décimètres, sur cette ligne la distance B *u* de 31 mètres 7 décimètres, *u t* de 29 mètres 6 décimètres, *t* C de 29 mètres 2 décimètres, le côté C D de 106 mètres 1 décimètre et sur cette ligne la distance C *s* de 24 mètres 3 décimètres, celle *r s* de 25 mètres 7 décimètres, *q r* de 27 mètres 5 décimètres et celle D *q* de 28 mètres 6 décimètres, le côté E F de 96 mètres 1 décimètre et sur cette ligne la distance F *k* de 27 mètres 8 décimètres, celle *k l* de 25 mètres 2 décimètres, *o l* de 22 mètres 3 décimètres, *o* E de

20 mètres 8 décimètres, le côté F G de 72 mètres 1 décimètre, et sur cette ligne la distance F h de 19 mètres, celle g h de 17 mètres 2 décimètres, g e de 16 mètres 7 décimètres et e G de 19 mètres 2 décimètres, le côté G H de 55 mètres et sur cette ligne la distance G b de 26 mètres 5 décimètres et celle H b de 28 mètres 5 décimètres.

Calculs préparatoires.

Pour trouver la hauteur des perpendiculaires qu'on abaisserait sur le terrain du sommet des angles de chaque pièce, on opérera comme il est indiqué aux nos 38 et 39, c'est-à-dire qu'on divisera la perpendiculaire de chaque triangle A B R, B C R, G H I, F G K, E F L, D C N, par l'hypothénuse, pour avoir ce rapport.

EXEMPLE:

Triangle nº 1er.

(Triangle A B R). B R = 23m,0, A B = 66m,6.

$$\frac{23,0}{66,6} = 0,345, \text{ rapport unitaire.}$$

A x = 24m,8.

24,8 × 0,345 = 7m,52, hauteur de la perpendiculaire x.

A x = 24,8, x v = 22,4.

(24,8 + 22,4) × 0,345 = 15m,25, hauteur de la perpendicul. v.

Triangle nº 2.

(Triangle B C R). B R = 23m,0, B C = 90m,5.

$$\frac{23,0}{90,5} = 0,254, \text{ rapport.}$$

C t = 29m,2.

29,2 × 0,254 = 7m,42, hauteur de la perpendiculaire t.

C t = 29,2, t u = 29,6.

(29,2 + 29,6) × 0,254 = 14m,93, hauteur de la perpendicul. u.

Triangle nº 3.

(Triangle G H I). G I = 20m,0, G H = 55m,0.

$$\frac{20,0}{55,0} = 0,363, \text{ rapport.}$$

H $b = 28^{\mathrm{m}},5.$

$28,5 \times 0,363 = 10^{\mathrm{m}},35$, hauteur de la perpendiculaire b.

Triangle n° 4.

(Triangle F G K). $\mathrm{G\,K} = 40^{\mathrm{m}},0,\ \mathrm{F\ G} = 72^{\mathrm{m}},1.$

$$\frac{40,0}{72,1} = 0,5547.$$

F $h = 19,0.$

$19,0 \times 0,5547 = 10^{\mathrm{m}},54$, hauteur de la perpendiculaire h.

F $h = 19,0,\ g\,h = 17,2.$

$(19,0 + 17,2) \times 0,5547 = 20^{\mathrm{m}},08$, hauteur de la perpendicul. g.

F $h = 19,0,\ g\,h = 17,2,\ e\,g = 16,7.$

$(19,0 + 17,2 + 16,7) \times 0,5547 = 29^{\mathrm{m}},35$, hauteur de la perpendiculaire e.

Triangle n° 5.

(Triangle E F L). $\mathrm{E\,L} = 50^{\mathrm{m}},0,\ \mathrm{E\ F} = 96^{\mathrm{m}},1.$

$$\frac{50,0}{96,1} = 0,52.$$

F $k = 27^{\mathrm{m}},8.$

$27,8 \times 0,52 = 14^{\mathrm{m}},46$, hauteur de la perpendiculaire k.

F $k = 27^{\mathrm{m}},8,\ k\,l = 25^{\mathrm{m}},2.$

$(27,8 + 25,2) \times 0,52 = 27^{\mathrm{m}},56$, hauteur de la perpendiculaire l.

F $k = 27^{\mathrm{m}},8,\ k\,l = 25^{\mathrm{m}},2,\ l\,o = 22^{\mathrm{m}},3.$

$(27,8 + 25,2 + 22,3) \times 0,52 = 39^{\mathrm{m}},16$, hauteur de la perpendiculaire o.

Triangle auxiliaire négatif n° 6.

(Triangle auxiliaire D C N). $\mathrm{C\,N} = 40^{\mathrm{m}},0,\ \mathrm{C\ D} = 106^{\mathrm{m}},1.$

$$\frac{40,0}{106,1} = 0,3773.$$

D $q = 28^{\mathrm{m}},6.$

$28,6 \times 0,3773 = 10^{\mathrm{m}},79$, hauteur de la perpendiculaire q.

D $q = 28^{\mathrm{m}},6,\ q\,r = 27^{\mathrm{m}},5.$

$(28,6 + 27,5) \times 0,3773 = 21^{\mathrm{m}},15$, hauteur de la perpendicul. r.

D $q = 28^{\mathrm{m}},6,\ q\,r = 27^{\mathrm{m}},5,\ r\,s = 25^{\mathrm{m}},7.$

$(28,6 + 27,5 + 25,7) \times 0,3773 = 30^{\mathrm{m}},86$, haut^{r} de la perpend. s.

Calcul du triangle auxiliaire négatif C D V *n°* 6.

1°. $DZ = 27^m,8$, $q = 10^m,79$.

Surface $\dfrac{27,8 \times 10,79}{2}$ . . . . $= 1^a 50$

2°. $DZ = 27^m,8$, $YZ = 27^m,8$, $r = 21^m,15$.

Surf. $\dfrac{(27,8 + 27,8) \times 21,15}{2} = 5^a 88 - \dfrac{DZ \times q}{2} = 1,50 = 4\ 38$

3°. $DZ = 27^m,8$, $YZ = 27,8$, $XY = 27,8$, $s = 30,86$.

Surface $\dfrac{(27,8 + 27,8 + 27,8) \times 30,86}{2} = 12^a 87 -$

$\dfrac{DZXY \times s}{2} = 5^a 88$ . . . . $= 6\ 99$

4°. $DZ = 27^m,8$, $YZ = 27,8$, $XY = 27,8$, $YN = 13,4$,

$NV = 14,4$, $CN = 40,0$.

Surface $\dfrac{(27,8 + 27,8 + 27,8 + 13,4 + 14,4) \times 40,0}{2}$

$= 22^a 24 - \dfrac{(DZYX) \times s}{2} = 12^a 87$ . . . . . $= 9\ 37$

$\overline{22^a\ 24}$

EN RÉSUMÉ :

1°. D Z q . . . $=$	$1^a 50$	
2°. Z Y r q . . $=$	$4\ 38$	Total égal . . . . $22^a 24$
3°. X Y r s . . $=$	$6\ 99$	
4°. V N X C s . $=$	$9\ 37$	

Calcul de la pièce n° 1er.

1°. Triangle b H a : a H $= 20^m,0$, $b = 10^m,35$.

Surface $\dfrac{20,0 \times 10,35}{2}$ . . . . $= 1^a 035$

2°. Trapèze A T H a : a H $= 20^m,0$, A T $= 25^m,0$, O K $= 70^m,0$, K I $= 20^m,0$.

Surface $\dfrac{(20,0 + 25,0) \times 70,0 + 20,0}{2}$. $= 20\ 250$

3°. Triangle A T x : A T $= 25^m,0$, $x = 7^m,52$.

Surface $\dfrac{25,0 \times 7,52}{2}$ . . . . $= 0\ 940$

Surface de. . . . $\overline{22^a\ 225}$

Calcul de la pièce n° 2.

1°.
Triangle
G H c
$\begin{cases} a\,H = 20^m,0,\ a\,c = 20^m,0,\ G\,I = 20^m,0. \\ \text{Surface } \dfrac{(20,0 + 20,0) \times 20,0}{2} \quad \ldots \quad = \end{cases}$ 4ª 00

2°.
Trapèze
a c T S
$\begin{cases} a\,c = 20^m,0,\ T\,S = 25,0,\ O\,I\,K = 90,0. \\ \text{Surface } \dfrac{(20,0 + 25,0) \times 90,0}{2} \quad \ldots \quad = \end{cases}$ 20 25

3°.
Triangle
A S v
$\begin{cases} A\,T = 25^m,0,\ T\,S = 25,0,\ v = 15,25. \\ \text{Surface } \dfrac{(25,0 + 25,0) \times 15,25}{2} \quad \ldots \quad = \end{cases}$ 3 81

$$\overline{\qquad\qquad}$$

     28ª 060

D'où ôtant de la pièce n° 1er la surf. du triangle
   b H a de. . . . . 1ª 035 ⎞
                                ⎟ 1 975
Plus celle du triangle A T x de. . . 0 940 ⎠

        Il reste la surface de. . . 26ª 085

Calcul de la pièce n° 3.

1°.
Triangle
c I G
$\begin{cases} c\,I = 11^m,2,\ I\,d = 8^m,7,\ d\,G = 11^m,3. \\ \text{Surface } \dfrac{11,2 \times 8,7 + 11,3}{2} \quad \ldots \quad = \end{cases}$ 1ª 120

2°.
Triangle
d e G
$\begin{cases} d\,e = 15^m,9,\ d\,G = 11^m3 \\ \dfrac{}{2} \quad \ldots \quad = \end{cases}$ 0 898

3°.
Trapèze
d e I J
$\begin{cases} d\,e = 15^m,9,\ I\,J = 11^m,3,\ I\,d = 8^m,7. \\ \text{Surface } \dfrac{(15,9 + 11,3) \times 8,7}{2} \quad \ldots \quad = \end{cases}$ 1 178

4°.
Trapèze
c I J Q R S
$\begin{cases} c\,I = 11^m,2,\ I\,J = 11^m,3,\ S\,R\,Q = 25^m,0, \\ \qquad O\,K\,I = 90^m0. \\ \text{Surface } \dfrac{(11,2 + 11,3 + 25,0) \times 90,0}{2} \quad . \quad = \end{cases}$ 21 375

$$\overline{\qquad\qquad}$$

        A reporter. . . 24ª 571

Report. . . 24ᵃ 571

5º.
Quadrilat.
Q R S B V

$$A\ T = 25^m,0,\ T\ S = 25^m,0,\ S\ Q\ R = 25^m,0,$$
$$B\ R = 23^m,0.$$
$$\text{Surface } \frac{(25,0 + 25,0 + 25,0) \times 23,0.}{2} \quad . = \quad 8\ 625$$

33ᵃ 496

D'où ôtant de la pièce nº 2 la surface du triangle
A S *v* de 3 810

Il reste la surface de. . . 29ᵃ 386

Calcul de la pièce nº 4.

1º.
Triangle
e F K

$$F\ i = 20^m,0,\ i\ f = 20^m,0,\ f\ K = 20^m,0,$$
$$e = 29^m,35.$$
$$\text{Surface } \frac{(20,0 + 20,0 + 20,0) \times 29,35}{2} \quad . = \quad 8^a\ 808$$

2º.
Trapèze
K *f* P Q

$$K\ f = 20^m,0,\ P\ Q = 25^m,0,\ K\ O = 70^m,0.$$
$$\text{Surface } \frac{(20,0 + 25,0) \times 70,0}{2} \quad . . . . = \quad 15\ 750$$

3º.
Triangle
B C U O P Q

$$C\ U = 25^m,0,\ U\ O\ P = 25^m,0,\ P\ Q = 25,0,$$
$$B\ R = 23,0.$$
$$\text{Surface } \frac{(25,0 + 25,0 + 25,0) \times 23,0}{2} \quad . = \quad 8\ 625$$

33ᵃ 183

D'où ôtant de la pièce nº 5 la surface du triangle
g F *f* de. . . . . 4ᵃ 016 }
Plus celle du triangle P C *u* de. . . 3 730 } 7 746

Il reste la surface de. . . 25ᵃ 437

Calcul de la pièce nº 5.

1º.
Triangle
g F *f*

$$F\ i = 20^m0,\ i\ f = 20^m,0,\ g = 20^m,08.$$
$$\text{Surface } \frac{(20,0 + 20,0) \times 20,08}{2} \quad . . . . = \quad 4^a\ 016$$

2º.
Trapèze
P O U *i f*

$$P\ O\ U = 25^m,0,\ i\ f = 20^m,0,\ K\ O = 70^m,0.$$
$$\text{Surface } \frac{(25,0 + 20,0) \times 70,0}{2} \quad . . . = \quad 15\ 750$$

A reporter. . . 19ᵃ 766

Report. . . . $19^a 766$

3°.   C U $= 25^m,0$, U O P $= 25^m,0$, $u = 14^m,93$.

Triangle   Surface $\dfrac{(25,0 + 25,0) \times 14,93}{2}$ . . . . $=$ 3 730

P C u

$23^a 496$

D'où ôtant de la pièce n° 6 la surface du triangle

F i h de . . . . $1^a 054$ ⎱

Plus celle du triangle U C t de . . 0 927 ⎰   1 981

Il reste la surface de. . . $21^a 515$

Calcul de la pièce n° 6.

1°.   F i $= 20^m,0$, $h = 10^m,54$.

Triangle   Surface $\dfrac{20,0 \times 10,54}{2}$ . . . . . . $=$ $1^a 054$

F i h

2°.   F $i = 20^m,0$, C U $= 25^m,0$, O K $= 70^m,0$.

Trapèze   Surface $\dfrac{(20,0 + 25,0) \times 70,0}{2}$ . . . . $=$ 15 750

F i C U

3°.   C U $= 25^m 0$, $t = 7^m,42$.

Triangle   Surface $\dfrac{25,0 \times 7,42}{2}$ . . . . $=$ 0 927

U C t

Surface de. . . . $17^a 731$

Calcul de la pièce n° 7.

1°.   F $j = 20^m,0$, $k = 14^m,46$.

Triangle   Surface $\dfrac{20,0 \times 14,46}{2}$ . . . . $=$ $1^a 446$

k F j

2°.   F $j = 20^m,0$, V N $= 13^m,4$, N X $= 14^m,4$,

        K O $= 70^m,0$, C N $= 40^m,0$.

Trapèze

F j V N X   Surf. $\dfrac{(20,0 + 13,4 + 14,4) \times 70,0 + 40,0}{2} =$ 26 235

$27^a 681$

D'où ôtant la surface du quadrilatère auxiliaire

négatif V N X C s ci-dessus (Voir p. 74) de. . 9 370

Il reste la surface de. . $18^a 311$

Calcul de la pièce n⁰ 8.

1°.
Triangle
l F m

F $j = 20^m,0$, j $m = 20^m,0$, $l = 27^m,56$.

Surface $\dfrac{(20,0 + 20,0) \times 27,56}{2}$ . . . . $= \quad 5^a 512$

2°.
Trapèze
j m X Y

j $m = 20^m,0$, X Y $= 27^m,8$, O K $= 70^m,0$,
C N $= 40^m,0$.

Surface $\dfrac{(20,0 + 27,8) \times 70,0 + 40,0}{2}$ . . $= \quad 26\ 290$

$\overline{}$

$31^a 802$

D'où ôtant la surface du quadrilatère auxiliaire
négatif X Y r s ci-dessus, égale à . . $6^a 990$

Plus de la pièce n⁰ 7 la surface du
triangle k F j de . . . . $1\ 446$

$\left. \right\} \quad 8\ 436$

Il reste la surface de . . $23^a 366$

Calcul de la pièce n⁰ 9

1°.
Triangle
o F n

F $j = 20^m,0$, j $m = 20^m,0$, m $n = 20^m,0$,
$o = 39^m,16$.

Surface $\dfrac{(20,0 + 20,0 + 20,0) \times 39,16}{2}$. $= \quad 11^a 748$

2°.
Trapèze
m n Y Z

m $n = 20^m,0$, Y Z $= 27^m,8$, O K $= 70^m,0$,
C N $= 40^m,0$.

Surface $\dfrac{(20,0 + 27,8) \times 70,0 + 40,0}{2}$. $= \quad 26\ 290$

$\overline{}$

$38^a 038$

D'où ôtant de la pièce n⁰ 8 la surface du
triangle l F m de . . . . $5^a 512$

Plus celle du quadrilatère auxiliaire
Y Z r q ci-dessus de. . . . . . $4\ 380$

$\left. \right\} \quad 9\ 892$

Il reste la surface. . $28^a 146$

Calcul de la pièce n° 10.

1°.
Triangle
E F L
$\begin{cases} F\,j = 20^{\text{m}},0, \ j\,m = 20^{\text{m}},0, \ m\,n = 20^{\text{m}},0, \\ n\,p = 20^{\text{m}},0, \ E\,L = 50^{\text{m}},0. \\ \text{Surf. } \dfrac{(20,0 + 20,0 + 20,0 + 20,0) \times 50,0}{2} \end{cases}$ 20ᵃ 000

2°.
Trapèze
n p Z D
$\begin{cases} n\,p = 20^{\text{m}},0, \ D\,Z = 27^{\text{m}},8, \ K\,O = 70^{\text{m}},0, \\ C\,N = 40^{\text{m}},0. \\ \text{Surface } \dfrac{(20,0 + 27,8) \times 70,0 + 40,0}{2} \ . \end{cases}$ 26 290

————————
46ᵃ 290

D'où ôtant de la pièce n° 9 la surface du
   triangle *o* F *n* de . . . . 11ᵃ 748 ⎫
Plus celle du triangle auxiliaire Z D *q*   ⎬ 13 248
   ci-dessus de . . . . 1 500 ⎭

————————
Il reste la surface. . 33ᵃ 042

Récapitulation.

La pièce n° 1ᵉʳ contient.		22ᵃ 22ᶜ 5ᵐ
—	2 —	26 08 5
—	3 —	29 38 6
—	4 —	25 43 7
—	5 —	21 51 5
—	6 —	17 73 1
—	7 —	18 31 1
—	8 —	23 36 6
—	9 —	28 14 6
—	10 —	33 04 2

Total de la surface par détail .   2ʰ 45ᵃ 24ᶜ 4ᵐ
               En masse. .   2 45 25 0
          Différence de. .   0ʰ 00ᵃ 00ᵃ 6ᵐ

Fɪɢ. XXXII.|— Trouver la surface de chaque parcelle renfermée
dans le polygone A P F G H K L N.

11

Pour faire cette opération, il faut d'abord parcourir le périmètre du polygone et ensuite celui des différentes pièces de terre qui le composent, afin de connaître tous les points de division. Quand on sera fixé sur ces points, on placera des jalons à tous les angles du polygone et de chaque pièce de terre, en prenant le côté A B pour base, sur laquelle on abaissera la perpendiculaire C D qu'on prolongera en O, et du sommet des angles P E F on abaissera celle P a, E c, F O ; sur la perpendiculaire E c, celle G d ; sur la perpendiculaire F O, celle P hh ; et sur la perpendiculaire G d, celle H e. Du prolongement de la base A B en J, et du sommet de l'angle I, on abaissera la perpendiculaire I k prolongée en j ; sur cette perpendiculaire, celle K h ; du sommet de l'angle K on abaissera la perpendiculaire K J qu'on prolongera en M, sur la perpendiculaire J K, celle I f ; sur le prolongement K M, on abaissera les perpendiculaires L g, N M, et sur cette dernière perpendiculaire N M, celle A i. Ensuite on mesurera la base, toutes les perpendiculaires et la distance de tous les points de division.

Soient les parties mesurées sur la base A B, savoir : A y de 30 mètres 3 décimètres, D y de $10^m,2^d$, D z de $26^m,1^d$, z aa de 28^m, B aa de $41^m,5^d$, B k de 12^m, k nn de $33^m,3^d$, J nn de $46^m,7^d$; la perpendiculaire D O de 170 mètres 2 décimètres, la partie D a de cette perpendiculaire de $115^m,7^d$, celles a C de $27^m,6^d$, C c de $14^m,7^d$ et O c de $12^m,2^d$; la perpendiculaire P a de 81 mètres 3 décimètres, et sur cette ligne la distance P bb de $33^m,3^d$, celle bb cc de $27^m,8^d$, et celle cc a de $20^m,2^d$, le prolongement de a en b de $10^m,4^d$; l'hypothénuse E P de 129 mètres 4 décimètres, la partie P dd de cette hypothénuse de $31^m,7^d$, celle dd ee de 25^m, celle ee C de $29^m,2^d$, et celle C E de $43^m,5^d$; la perpendiculaire F O de 120 mètres, la partie O hh de cette perpendiculaire de $81^m,3^d$ et celle F hh de $38^m,7^d$; la perpendiculaire P hh de 54 mètres 5 décimètres, la partie P gg de cette perpendiculaire de 35^m, celle gg hh de $19^m,5^d$, et le prolongement hh en ii de $13^m,8^d$; l'hypothénuse F P de 66 mètres 7 décimètres, la distance F ff de cette hypothénuse de $33^m,3^d$ et celle P ff de $32^m,8^d$; la perpendiculaire G d de 62 mètres 5 décimètres, le prolongement d en jj de 7ᵐ, la partie d oo de cette perpendiculaire de 31ᵐ, celle oo e de 13ᵐ, et celle G e de 18ᵐ,5ᵈ; l'hypothénuse E G de 65 mètres 5 décimètres, la partie E kk de cette hypothénuse de 35ᵐ,7ᵈ, et celle G kk de 29ᵐ,8ᵈ; la perpendiculaire H e de 52 mètres, la partie H ll de cette perpendiculaire de 23ᵐ, celle ll qq de 23ᵐ,3ᵈ, et celle e qq de 5ᵐ,7ᵈ; l'hypothénuse G H de 55 mètres 2 décimètres, la partie H mm de cette hypothénuse de 27ᵐ,5ᵈ, et celle G mm de 27ᵐ,7ᵈ; le prolongement de la base A B en J de 62 mètres, la distance B k de ce prolongement de 12ᵐ, celle k nn de 33ᵐ,3ᵈ, et celle nn J de 16ᵐ,7ᵈ; la perpendiculaire I k de 33 mètres, le prolongement de I k en j de 28ᵐ, la partie j h de ce prolongement de 12ᵐ, et celle de h I de 16ᵐ; la perpendiculaire K h de 50 mètres, la perpendiculaire J K de 49 mètres, la distance J f de cette perpendiculaire de 33ᵐ, celle K f de 16ᵐ; la perpendiculaire I f de 50 mètres, et sur cette ligne la partie I o de 22ᵐ,8ᵈ, celle o p de 21ᵐ,8ᵈ, et celle p f de 5ᵐ,4ᵈ; l'hypothénuse I K de 52 mètres 5 décimètres, la distance I l de cette hypothénuse de 27ᵐ, et celle de l K de 25ᵐ,5ᵈ; le prolongement de la perpendiculaire J K en M de 136 mètres, savoir: la partie K m de ce prolongement de 29ᵐ,5ᵈ, celle m n de 34ᵐ,3ᵈ, celle n g de 7ᵐ,2ᵈ, et celle g N de 65ᵐ; la perpendiculaire M N de 259 mètres, la partie M rr de cette perpendiculaire de 26ᵐ, celle rr i de 172ᵐ,1ᵈ, et celle i N de 60ᵐ,9ᵈ; la perpendiculaire A i de 185 mètres, la partie A q de cette perpendiculaire de 64ᵐ, celle q r de 35ᵐ, celle r s de 32ᵐ, celle s t de 37ᵐ, et celle i t de 17ᵐ; l'hypothénuse A N de 195 mètres 3 décimètres, la distance A x de cette hypothénuse de 73ᵐ, celle x v de 42ᵐ, celle u v de 38ᵐ5, et celle N u de 41ᵐ,8ᵈ; la perpendiculaire L g de 26 mètres; l'hypothénuse K L de 77 mètres, la distance K pp de cette hypothénuse de 35ᵐ,2ᵈ, et celle L pp de 41ᵐ,8ᵈ.

Calculs préparatoires.

Pour obtenir la hauteur de toutes les perpendiculaires pour chaque division, on opérera suivant ce qui est indiqué au n° 35. On cherchera pour cette fin un rapport entre la perpendiculaire de chaque triangle et l'hypothénuse.

EXEMPLE:

Triangle n° 1ᵉʳ.

(Triangle C P *a*). C *a* = 27ᵐ,6, P C = 85ᵐ,9.

$$\frac{27,6}{85,9} = 0,3213.$$

P *dd* = 31ᵐ,7.

31,7 × 0,3213 = 10ᵐ,18, hauteur de la perpendiculaire *dd*.

P *dd* = 31,7, *dd ee* = 25,0.

(31,7 + 25,0) × 0,3213 = 18ᵐ,22, hauteur de la perpendicul. *ee*.

Triangle n° 2.

(Triangle F P *hh*). F *hh* = 38ᵐ,7, P F = 66ᵐ,7.

$$\frac{38,7}{66,7} = 0,58.$$

P *ff* = 32ᵐ,8.

32,8 × 0,58 = 19ᵐ,0, hauteur de la perpendiculaire *ff*.

Triangle n° 3.

(Triangle G E *d*). E *d* = 19ᵐ,5, E G = 65ᵐ,5.

$$\frac{19,5}{65,5} = 0,298.$$

G *kk* = 29ᵐ,8.

29,8 × 0,298 = 8ᵐ,88, hauteur de la perpendiculaire *kk*.

Triangle n° 4.

(Triangle G H *e*). G *e* = 18ᵐ,5, G H = 55ᵐ,2.

$$\frac{18,5}{55,2} = 0,335.$$

H *mm* = 27ᵐ,5.

27,5 × 0,335 = 9ᵐ,2, hauteur de la perpendiculaire *mm*.

Triangle n° 5.

(Triangle K I *f*). K *f* = 16ᵐ,0, I K = 52ᵐ,5.

$$\frac{16,0}{52,5} = 0,305.$$

K $l = 27^{\mathrm{m}},0.$

27,0 $\times$ 0,305 $= 8^{\mathrm{m}},23$, hauteur de la perpendiculaire l.

Triangle n° 6.

(Triangle N A i). N $i = 60^{\mathrm{m}},9$, A N $= 195^{\mathrm{m}},3.$

$$\frac{60,9}{195,3} = 0,312.$$

A $x = 73^{\mathrm{m}},0.$

73,0 $\times$ 0,312 $= 22^{\mathrm{m}},77$, hauteur de la perpendiculaire x.

A $x = 73^{\mathrm{m}},0$, $x\,v = 42^{\mathrm{m}},0.$

73,0 $+$ 42,0 $\times$ 0,312 $= 35^{\mathrm{m}},88$, hauteur de la perpendiculaire v.

A $x = 73^{\mathrm{m}},0$, $x\,v = 42^{\mathrm{m}},0$, $u\,v = 38^{\mathrm{m}},5.$

73,0 $+$ 42,0 $+$ 38,5 $\times$ 0,312 $= 47^{\mathrm{m}},89$, hauteur de la perpend. u.

Triangle n° 7.

(Triangle auxiliaire négatif L K g). L $g = 26^{\mathrm{m}},0$, K L $= 77^{\mathrm{m}},0.$

$$\frac{26,0}{77,0} = 0,338.$$

K $pp = 35^{\mathrm{m}},2.$

35,2 $\times$ 0,338 $= 11^{\mathrm{m}},9$, hauteur de la perpendiculaire pp.

CALCULS DES TRIANGLES.

Triangle n° 1er.

1°. P $bb = 33^{\mathrm{m}},3$, $dd = 10^{\mathrm{m}},18.$

Surface $\dfrac{33,3 \times 10,18}{2}$ . . . . $=$ 1ⁿ 695

2°. P $bb = 33^{\mathrm{m}},3$, $bb\,cc = 27^{\mathrm{m}},8$, $ee = 18^{\mathrm{m}},22.$

Surface $\dfrac{(33,3 + 27,8) \times 18,22}{2} = 5,566 - \dfrac{\text{P } bb \times dd}{2}$

$= 1,695.$ . . . . $=$ 3 871

3°. P $bb = 33^{\mathrm{m}},3$, $bb\,cc = 27,8$, $cc\,a = 20,2$, $a\,b = 10,4$

a C $= 27^{\mathrm{m}},6.$

A reporter. . . 5ⁿ 566

$$\text{Report.} \quad \ldots \quad 5^a 566$$

$$\text{Surface } \frac{(33,3 + 27,8 + 20,2 + 10,4) \times 27,6}{2} = 12,654$$

$$- \frac{\text{P } bb, cc \times ee}{2} = 5,566 \quad \ldots \ldots \ldots \ldots = \quad 7\,088$$

$$\text{Ensemble.} \quad \ldots \quad 12^a 654$$

En Résumé :

1° P bb dd . . . $=$ 1ᵃ 695 ⎫
2° bb cc dd ee . . $=$ 3 871 ⎬ Total égal. . . . 12 654
3° cc a b C ee . . $=$ 7 088 ⎭

Triangle n° 2.

1°. P $gg = 35^m,0$, $ff = 19^m,0$.

$$\text{Surface } \frac{35,0 \times 19,0}{2} \quad \ldots \ldots \ldots \ldots \ldots = \quad 3^a 325$$

2°. P $gg = 35^m,0$, $gg\,hh = 19,5$, $hh\,ii = 13,8$, F $hh = 38,7$.

$$\text{Surface } \frac{(35,0 + 19,5 + 13,8) \times 38,7}{2} = 13,216 \; -$$

$$\frac{\text{P } gg \times ff}{2} = 3,325 \quad \ldots \ldots \ldots \ldots \ldots = \quad 9\,891$$

$$\text{Ensemble.} \quad \ldots \quad 13^a 216$$

En Résumé :

1° P gg, ff . . . $=$ 3ᵃ 325 ⎫
                                     ⎬ Total égal. . . . 13 216
2° gg hh ii F ff . . $=$ 9 891 ⎭

Triangle n° 3.

1°. G $e = 18^m,5$, e $oo = 13^m,0$, $kk = 8^m,88$.

$$\text{Surface } \frac{(18,5 + 13,0) \times 8,88}{2} \quad \ldots \ldots \ldots \ldots = \quad 1^a 412$$

2°. G $e = 18^m,5$, e $oo = 13^m,0$, d $oo = 31^m,0$, $d\,jj = 7^m,0$,
E $d = 19^m,5$.

$$\text{Surface } \frac{(18,5 + 13,0 + 31,0 + 7,0) \times 19,5}{2} = 6,776$$

$$- \frac{\text{G } e\,oo \times kk}{2} = 1,412 \quad \ldots \ldots \ldots \ldots = \quad 5\,364$$

$$\text{Ensemble.} \quad \ldots \quad 6^a 776$$

En Résumé :

1º G e oo kk . . . = 1ª 412 }
2º oo d jj E kk . . = 5 364 } Total égal. . . . 6 776

Triangle nº 4.

1º. H ll = 23^m,0, mm = 9^m,2.

Surface $\dfrac{23,0 \times 9,2}{2}$ . . . . = 1ª 058

2º. H ll = 23^m,0, ll kk = 23^m,2, e G = 18^m,5.

Surface $\dfrac{(23,0 + 23,2) \times 18,5}{2} = 4,273 - \dfrac{H \, ll \times mm}{2}$

= 1,058 . . . . = 3 245

Ensemble. . . 4ª 273

En Résumé :

1º H ll mm . . . = 1ª 058 }
2º ll kk mm G . . = 3 245 } Total égal. . . . 4 273

Triangle nº 5.

1º. I o = 22^m,8, l = 8^m,23.

Surface $\dfrac{22,8 \times 8,23}{2}$ . . . . = 0ª 938

2º. I o = 22^m,8, o p = 21^m,8, K f = 16^m,0.

Surf. $\dfrac{(22,8 + 21,8) \times 16,0}{2} = 3,568 - \dfrac{I \, o \times l}{2} = 0,938 =$ 2 630

Ensemble. . . 3ª 568

En Résumé :

1º I o l . . . . = 0ª 938 }
2º o l K p . . . = 2 630 } Total égal . . . 3 568

Triangle nº 6.

1º. A q = 64^m,0, x = 22^m,77.

Surface $\dfrac{64,0 \times 22,77}{2}$ . . . . = 7ª 286

A reporter. . . 7ª 286

Report. . . 7ᵃ 286

2°. A $q = 64^{\mathrm{m}},0$, $q\,r = 35^{\mathrm{m}},0$, $v = 35^{\mathrm{m}},88$.

$$\text{Surface } \frac{(64,0 + 35,0) \times 35,88}{2} = 17,76 - \frac{\mathrm{A}\,q \times x}{2}$$

$$= 7,286. \ldots\ldots\ldots\ldots\ldots = 10\ 474$$

3°. A $q = 64^{\mathrm{m}},0$, $q\,r = 35^{\mathrm{m}},0$, $r\,s = 32^{\mathrm{m}},0$, $u = 47^{\mathrm{m}},89$.

$$\text{Surface } \frac{(64,0 + 35,0 + 32,0) \times 47,89}{2} = 31,368$$

$$- \frac{\mathrm{A}\,q\,r \times v}{2} = 17,76 \ldots\ldots\ldots = 13\ 608$$

4°. A $q = 64^{\mathrm{m}},0$, $q\,r = 35^{\mathrm{m}},0$, $r\,s = 32^{\mathrm{m}},0$, $s\,t = 37^{\mathrm{m}},0$,
N $i = 60^{\mathrm{m}},9$.

$$\text{Surface } \frac{(64,0 + 35,0 + 32,0 + 37,0) \times 60,9}{2} = 51,16$$

$$- \frac{\mathrm{A}\,q\,r\,s \times u}{2} = 31,368 \ldots\ldots\ldots = 19\ 792$$

Ensemble. . . 54ᵃ 160

En Résumé :

1° A q x . . . $=$	7ᵃ 286	
2° q r x v. . . $=$	10 474	
3° r s u v. . . $=$	13 608	Total égal. 54ᵃ 160
4° s t N u. . . $=$	19 792	

Triangle auxiliaire négatif n° 7.

1°. K $m = 29^{\mathrm{m}},5$, $pp = 11^{\mathrm{m}},9$.

$$\text{Surface } \frac{29,5 \times 11,9}{2} \ldots\ldots\ldots\ldots = 1^{\mathrm{a}} 755$$

2°. K $m = 29^{\mathrm{m}},5$, $m\,n = 34^{\mathrm{m}},3$, L $g = 26^{\mathrm{m}},0$.

$$\text{Surface } \frac{(29,5 + 34,3) \times 26,0}{2} = 8,294 - \frac{\mathrm{K}\,m \times pp}{2}$$

$$= 1,755 \ldots\ldots\ldots\ldots\ldots = 6\ 539$$

Ensemble. . . 8ᵃ 294

En Résumé :

1° K m pp . . . $=$	1ᵃ 755	
2° m n L pp. . . $=$	6 539	Total égal. . . . 8 294

Calcul de la pièce n° 1ᵉʳ.

Trapèze
A y P bb. $\Big\{$ A y = 30ᵐ,3, P bb = 33ᵐ,3, D a = 115ᵐ,7.

Surface. . $\dfrac{(30,3 + 33,3) \times 115,7}{2}$ . . . . = 36ᵃ 792

A quoi il faut ajouter la surface P bb dd, n° 1°
du triangle n° 1ᵉʳ ci-dessus de. 1 695

La surface A y P dd égale. . . 38ᵃ 487

Calcul de la pièce n° 2.

Trapèze
y D z bb cc. $\Big\{$ y D = 10ᵐ,2, D z = 26ᵐ,1, bb cc = 27ᵐ,8, D a = 115ᵐ,7.

Surface. . $\dfrac{(10,2 + 26,1 + 27,8) \times 115,7}{2}$ . . . . = 37ᵃ 082

Plus la surface bb dd cc ee, n° 2° du triangle
n° 1ᵉʳ ci-dessus de 3 871

La surface y D z dd ee égale. . . 40ᵃ 953

Calcul de la pièce n° 3.

Trapèze
z aa cc a b. $\Big\{$ z aa = 28ᵐ,0, cc a = 20ᵐ,2, a b = 10ᵐ,4, D a = 115ᵐ,7.

Surface. . $\dfrac{(28,0 + 20,2 + 10,4) \times 115,7}{2}$ . . . . = 33ᵃ 900

Plus la surface cc a b C ee, n° 3° du triangle
n° 1ᵉʳ ci-dessus de. 7 088

La surface z aa C ee égale. . . 40ᵃ 988

Calcul de la pièce n° 4.

Trapèze
aa B C jj E. $\Big\{$ B aa = 41ᵐ,5, rr c = 5ᵐ,5, c d = 21ᵐ,5, d E = 19ᵐ,5, D a = 115ᵐ,7, a C = 27ᵐ,6, C c = 14ᵐ,7.

Surface. . $\dfrac{(41,5 + 5,5 + 21,5 + 19,5) \times 115,7 + 27,6 + 14,7}{2}$ = 69ᵃ 520

A reporter. . . 69ᵃ 520

12

Report. . . . 69ᵃ 520

D'où il faut ôter le triangle négatif C E *rr*,

$$\begin{cases} \text{E } d = 19^{\text{m}},5, \ d \ c = 21^{\text{m}},5, \ c \ rr = 5^{\text{m}},5, \\ \text{C } c = 14^{\text{m}},7. \\ \text{Surface } \dfrac{(19,5 + 21,5 + 5,5) \times 14,7}{2} \ . \ . = \quad 3\ 417 \end{cases}$$

Il reste la surface B aa C E, égale à. . 66ᵃ 103

Calcul de la pièce nº 5.

Trapèze P *gg jj d oo.*

$$\begin{cases} \text{P } gg = 35^{\text{m}},0, \ jj \ d = 7^{\text{m}},0, \ d \ oo = 31^{\text{m}},0, \\ hh \ \text{O} = 81^{\text{m}},3, \ c \ d = 21^{\text{m}},5. \\ \text{Surface } \dfrac{(35,0 + 7,0 + 31,0) \times 81,3 + 21,5}{2} \ . \ . = \quad 37^{\text{a}}\ 522 \end{cases}$$

Plus la surface P *gg ff* nº 1ᵉʳ du triangle nº 2
ci-dessus de 3 325

Plus celle *oo d jj* E *kk* nº 2º du triangle nº 3
ci-dessus de 5 364

La surface P ff E kk est égale à. . 46ᵃ 211

Calcul de la pièce nº 6.

Trapèze *gg hh ii* G *e oo*

$$\begin{cases} gg \ hh = 19^{\text{m}},5, \ hh \ ii = 13^{\text{m}},8, \ e \ oo = 13^{\text{m}},0, \\ \text{G } e = 18^{\text{m}},5, \ hh \ \text{O} = 81^{\text{m}},3, \ c \ d = 21^{\text{m}},5. \\ \text{Surface } \dfrac{(19,5 + 13,8 + 13,0 + 18,5) \times 81,3 + 21,5}{2} = \quad 33^{\text{a}}\ 307 \end{cases}$$

Plus la surface *gg hh ii* F *ff*, nº 1º du triangle
nº 2 ci-dessus de 9 891

Plus celle G *e oo kk*, nº 1º du triangle nº 3
ci-dessus de 1 412

La surface F ff G kk est égale à. . 44ᵃ 610

Calcul de la pièce nº 7.

Trapèze I o ll qq.
$$\begin{cases} ll\,qq = 23^{m},2, \ I\,o = 22^{m},8, \ D\,a = 115^{m},7, \\ a\,C = 27^{m},6, \ C\,c = 14^{m},7, \ d\,oo = 31^{m},0, \\ oo\,e = 13^{m},0, \ I\,k = 33^{m},0. \end{cases}$$

Surface $\dfrac{(23,2 + 22,8) \times 115,7 + 27,6 + 14,7 + 31,0 + 13,0 + 33,0}{2} =$ 54ᵃ 050

Plus la surface I o l, nº 1er du triangle nº 5 ci-dessus de. 0 938

Plus celle *kk ll mm* G, uº 2 du triangle nₒ 4 ci-dessus de. 3 215

La surface I *l mm* G égale. . . 58ᵃ 203

Calcul de la pièce nº 8.

Trapèze o p H ll.
$$\begin{cases} o\,p = 21^{m},8, \ ll\,H = 23^{m},0, \ D\,a = 115^{m},7, \\ a\,C = 27^{m},6, \ C\,c = 14^{m},7, \ d\,oo = 31^{m},0, \\ oo\,e = 13^{m},0, \ I\,k = 33^{m},0. \end{cases}$$

Surface $\dfrac{(21,8 + 23,0) \times 115,7 + 27,6 + 14,7 + 31,0 + 13,0 + 33,0}{2} =$ 52ᵃ 640

Plus la surface o l K *p*, nº 2 du triangle nº 5 ci-dessus de. 2 630

Plus celle H *ll mm*, nº 1er du triangle nº 4 ci-dessus de. 1 058

La surface K *l* H *mm* égale. . . 56ᵃ 328

Calcul de la pièce nº 9.

Trapèze A q I k.
$$\begin{cases} A\,q = 64^{m},0, \ I\,k = 33^{m},0, \ A\,y = 30^{m},3, \\ y\,D = 10^{m},2, \ D\,z = 26^{m},1, \ z\,aa = 28^{m},0, \\ aa\,B = 41^{m},5, \ B\,k = 12^{m},0. \end{cases}$$

Surface $\dfrac{(64,0 + 33,0) \times 30,3, + 10,2 + 26,1 + 28,0 + 41,5 + 12,0}{2} =$ 71ᵃ 828

Plus la surface A *q x*, nº 1er du triangle nº 6 ci-dessus de 7 286

79ᵃ 114

A reporter. . . 79ᵃ 114

Report. . . 79ᵃ 114

D'où ôtant la surface du triangle auxiliaire
négatif B I k = $\dfrac{\text{B } k \times \text{I } k}{2}$ = 33,0 × 6,0 =   1 980

Il reste la surface A x B I égale à. . 77ᵃ 134

Calcul de la pièce n° 10.

Trapèze
$q\, r$ I $h\, j$.
$\begin{cases} q\ r = 35^{\text{m}},0,\ \text{l } h = 16^{\text{m}},0,\ h\, j = 12^{\text{m}},0, \\ \text{A } y = 30^{\text{m}},3,\ y\, \text{D} = 10^{\text{m}},2,\ \text{D } z = 26^{\text{m}},1, \\ z\, aa = 28^{\text{m}},0,\ aa\, \text{B} = 41^{\text{m}},5,\ \text{B } k = 12^{\text{m}},0. \end{cases}$

Surface $\dfrac{(35\,0 + 16\,0 + 12,0) \times 30,3 + 10\,2 + 26\,1 + 28,0 + 41,5 + 12,0}{2}$ =   46ᵃ 651

Triangle I K j.
Surface. .
$\begin{cases} \text{I } h = 16^{\text{m}},0,\ h\, j = 12^{\text{m}},0,\ \text{K } h = 50^{\text{m}},0. \\[4pt] \dfrac{(16,0 + 12,0) \times 50,0}{2} \end{cases}$ . . . . =   7 000

Plus la surface $q\, r\, v\, x$, n° 2 du triangle n° 6
ci-dessus de 10 474

La surface $v\, x$ K I égale. . . 64ᵃ 125

Calcul de la pièce n° 11.

Trapèze
$r\, s$ K m.
$\begin{cases} r\ s = 32^{\text{m}},0,\ \text{K } m = 29^{\text{m}},5,\ \text{A } y = 30^{\text{m}},3, \\ y\, \text{D} = 10^{\text{m}},2,\ \text{D } z = 26^{\text{m}},1,\ z\, aa = 28^{\text{m}},0, \\ aa\, \text{B} = 41^{\text{m}},5,\ \text{B } k = 12^{\text{m}},0,\ k\, nn = 33^{\text{m}},3, \\ nn\, \text{J} = 16^{\text{m}},7. \end{cases}$

Surf. $\dfrac{(32,0 + 29,5) \times 30\,3 + 10,2 + 26,1 + 28,0 + 41,5 + 12,0 + 33,3 + 16,7}{2}$ =   60ᵃ 915

Plus la surface $u\, v\, r\, s$, n° 3 du triangle n° 6
ci-dessus de. 13 608

74ᵃ 523

D'où ôtant la surface K $m\, pp$, n° 1ᵉʳ du triangle
négatif n° 7 ci-dessus de 1 755

Il reste la surface $u\, v$ K pp égale à. . 72ᵃ 768

$$- 91 -$$

Calcul de la pièce n° 12.

Trapèze
$s\, t\, m\, n.$
$$\begin{cases} s\ t = 37^{\mathrm{m}},0,\ m\ n = 34^{\mathrm{m}},3,\ \mathrm{A}\ y = 30^{\mathrm{m}},3, \\ y\ \mathrm{D} = 10^{\mathrm{m}},2,\ \mathrm{D}\ z = 26^{\mathrm{m}},1,\ z\ aa = 28^{\mathrm{m}},0, \\ \mathrm{B}\ aa = 41^{\mathrm{m}},5,\ \mathrm{B}\ k = 12^{\mathrm{m}},0,\ k\ nn = 33^{\mathrm{m}},3, \\ nn\ \mathrm{J} = 16^{\mathrm{m}},7. \end{cases}$$

Surf. $\dfrac{(37,0+34,3)\times 30,3+10,2+26,1+28,0+41,5+12,0+33,3+16,7}{2} =$ $70^{\mathrm{a}}\,623$

Plus la surface $s\ t\ \mathrm{N}\ u$, n° 4 du triangle n° 6
ci-dessus égale à. . . . . $19\ 792$

       $90^{\mathrm{a}}\,415$

D'où ôtant la surface $m\ n\ \mathrm{L}\ pp$, n° 2 du triangle
négatif n° 7 ci-dessus de . . . . $6\ 539$

Il reste la surface $\mathrm{N}\ u\ \mathrm{L}\ pp$ égale à. . $83^{\mathrm{a}}\,876$

Récapitulation des contenances.

La pièce n° 1er contient. . . . . . $38^{\mathrm{a}}\ 48^{\mathrm{c}}\ 7_{\mathrm{m}}$

— 2 —	40	95 3
— 3 —	40	98 8
— 4 —	66	10 3
— 5 —	46	21 1
— 6 —	44	61 0
— 7 —	58	20 3
— 8 —	56	32 8
— 9 —	77	13 4
— 10 —	64	12 5
— 11 —	72	76 8
— 12 —	83	87 6

Total du terrain. . . $6^{\mathrm{h}}\,89^{\mathrm{a}}\,78^{\mathrm{c}}\,6^{\mathrm{m}}$

Fig. XXXII. — Déterminer la surface d'un enclos, réprésenté par la figure A B C D, sur lequel existe différents corps de bâtiments ruraux.

Si cet enclos aboutit à une rue tellement resserrée qu'il ne soit pas possible d'abaisser des perpendiculaires du sommet des angles A et B, alors on emploiera le moyen suivant pour trouver les segments j, k.

On prendra pour base la ligne pointillée $e\,f$ sur laquelle on abaissera une perpendiculaire de g en h qu'on prolongera en i, puis on mesurera cette base et les deux côtés A D, B C.

Soit la base $e\,f$ de 188 mètres 7 décimètres, la partie $f\,h$ de cette base de 100 mètres ; le côté A D de 198 mètres 5 décimètres, la partie D g de ce côté de 101 mètres 1 décimètre, et celle A g de 97 mètres 4 décimètres ; le côté B C de 175 mètres 2 décimètres, la partie C i de ce côté de 100 mètres 4 décimètres, et celle B i de 74 mètres 8 décimètres ; le rectangle D f de 50 mètres, celui C f de 21 mètres 5 décimètres, la perpendiculaire $g\,h$ de 35 mètres et celle $h\,i$ de 31 mètres.

Pour trouver le segment auxiliaire j, on cherchera un rapport entre la base $f\,h$ de 100 mètres et le côté D g de 101 mètres 1 décimètre, pour cela on divisera $f\,h$ par D g. Le quotient réprésentera ce rapport unitaire qu'on multipliera par A g.

Exemple :

$$\frac{100{,}0}{101{,}1} = 0{,}9892.$$

A h = 97^m,4.

97^m,4 $\times$ 0,9892 = 96^m,3 — $e\,k\,h$ de 88 mètres 7 décimètres = 7 mètres 6 décimètres, segment auxiliaire de j à e.

On opérera de la même manière pour trouver le segment k.

Exemple :

$$\frac{100{,}0}{100{,}4} = 0{,}996, \text{ rapport unitaire.}$$

B i = 74^m,8.

74^m,8 $\times$ 0,996 = 74^m,5, lesquels ôtés de $e\,h$ égal à 88 mètres 7 décimètres, il reste 14 mètres 2 décimètres, représentant le segment k.

Pour obtenir la hauteur des perpendiculaires A j et B k, on suivra la marche indiquée au n° 7.

Calculs.

Trapèze A j D f.
$\begin{cases} f\,h = 100^m,0,\ k\,h = 74^m,5,\ e\,k = 14^m,2, \\ e\,j = 7^m,6,\ A\,j = 20^m,6,\ D\,f = 50^m,0. \\ \text{Surf. } \dfrac{(100,0+74,5+14,2+7,6)\times 20,6+50,0}{2} = 74,20 \\[2mm] -\ \dfrac{e\,j \times A\,j}{2} = \dfrac{7,6 \times 20,6}{2}.\ \ .\ \ . = 00,78 \end{cases}$

Il reste la surface de $\overline{73,42}$ ci 73ᵃ 42

Triangle e B k.
$\begin{cases} e\,k = 14^m,2,\ B\,k = 38^m,0. \\ \text{Surface } \dfrac{14,2 \times 38,0}{2} = .\ .\ .\ .\ .\ .\ .\ . \quad 00\ 27 \end{cases}$

Trapèze B k C f.
$\begin{cases} k\,h = 74^m,5,\ e\,h = 100^m,0,\ C\,f = 21^m,5, \\ B\,k = 38^m,0. \\ \text{Surface } \dfrac{(74,5 + 100,0) \times 21,5 \times 38,0}{2} = .\quad 51\ 91 \end{cases}$

La surface est de $\overline{1^h 25^a 60}$

FIG. XXXIV. — On propose de déterminer la surface de chaque pièce de terre, comprise dans le polygone A B C D E F G H I J.

Pour résoudre ce problème, on parcourra le périmètre de ce polygone, afin de connaitre les limites de toutes les pièces de terre, qu'on fixera par des jalons bien alignés. On choisira une base comme A B qu'on prolongera en C et sur laquelle on abaissera des perpendiculaires qu'on mesurera avec le plus grand soin.

On se borne à indiquer ici la manière d'opérer sur le terrain et à donner le résultat de chaque parcelle.

On a coté toutes les parties de chaine afin qu'on puisse calculer les contenances partielles d'après ce qui est démontré aux numéros 38 et 39 (fig. XXX).

Ce polygone présente en masse une surface de $\ $ 8ʰ 68ᵃ 70ᶜ

Et en détail celle de. . . . $\ $ 8 68 68

Différence de. . $\ $ 0ʰ 00ᵃ 02ᶜ

Fɪɢ. XXXV.— Supposons qu'on soit chargé de faire l'arpentage du quadrilatère irrégulier A B C D, renfermant plusieurs pièces de terre dont on veut connaître la surface partielle, et qu'après avoir abaissé sur A B pris pour base la perpendiculaire C *e*, il soit, par accident de terrain, difficile d'abaisser sur cette perpendiculaire celle D *g*, parallèle à la base A B; dans cette hypothèse, on abaissera du sommet de l'angle D la perpendiculaire D *f*, on mesurera tous les points de division tant sur la base A B que sur l'hypothénuse C D, ainsi que le segment auxiliaire B *e* et la hauteur des deux perpendiculaires.

Puis, pour connaitre la surface de chaque parcelle, on suivra la marche indiquée aux nᵒˢ 6 et 7, figure V, page 12.

Les six dernières figures qni précèdent suffisent pour qu'on juge de l'avantage incontestable qu'offre ce nouveau mode d'opérer sur le terrain.

Fɪɢ. XXXVI. — Dans le polygone suivant qui se compose d'une petite section, on indique seulement la méthode à suivre pour faire l'arpentage de toutes les parcelles. Si l'on désire en évaluer la surface, on mesurera, à l'aide d'un compas et d'une échelle de proportion, la hauteur des perpendiculaires, les segments et la distance de tous les points de division; puis on fera les calculs suivant ce qui est démontré aux nᵒˢ 3, 7, 38 et 39.

Dᴇᴍᴏɴsᴛʀᴀᴛɪᴏɴ ᴅᴜ Tʀᴀᴘèᴢᴇ. — (Fig. 1ʳᵉ).

On sait que la surface d'un trapèze A B C D est égale à la moitié du produit de la base A B multipliée par la somme des hauteurs A D et B C, c'est à-dire que la surface A B C D $= \dfrac{A\,B \times A\,D + B\,C}{2}$

Si l'on veut prendre sur la même base A B une partie A *h e* B qui ne soit que le 1/5ᵉ de la surface totale, alors il faut que la somme des hauteurs A *h e* B ne soit que le 1/5ᵉ des hauteurs A D B C; ainsi il faut multiplier les hauteurs A D B C par la fraction A *h e* B, relativement à A B C D.

Mais il peut arriver qu'on n'aperçoive pas une fraction aussi simple et qu'on demande, par exemple, une portion A h e B égale à 50ª 00; alors on dit : la base étant la même A B, les surfaces sont entr'elles comme les hauteurs : 200,0 : 50,0 :: 60,0 :: A h $= \dfrac{50,0}{200,0} \times 60,0 = 15^m,0$ et 200,0 : 50,0 :: 80,0 : B $e = \dfrac{50,0}{200,0} \times 140,0 = 20^m,0$. On voit que pour prendre une quantité quelconque dans un trapèze, il faut la diviser par la surface totale et multiplier ensuite les côtés par le quotient.

Plantation en quinconce.

Supposons qu'on ait à planter, dans un terrain donné et représenté par A B C D, fig. XXXVII, des arbres en quinconce, à 8 mètres les uns des autres; voici un procédé simple et facile pour exécuter cette plantation.

Calculs préparatoires.

1º On élèvera les 8 mètres au carré ce qui donnera. . 64^m,000

2º On ôtera le quart de ce produit, soit. . . . . . 16^m,000

3º Il restera. . . . . 48^m,000

4º On extraira la racine carrée de ce dernier résultat et l'on aura . . . . 6^m,928 à moins d'un millième près.

On établira une ligne principale A D, puis, muni d'une équerre, on élèvera avec une grande précision deux perpendiculaires A B, D C, aux deux extrémités de cette ligne; on marquera à partir des angles A et D, 1º sur la perpendiculaire A B, les points e, f, g, 2º et sur celle D C, les points h, i, j, à 6 mètres 928 millim. les uns des autres; ensuite on tirera les lignes h e, i f, g j, B C, qui devront être exactement parallèles à la ligne principale A D.

Ceci fait, on placera des jalons sur les lignes A D, h e, i f, g j et B C, en partant à 8 mètres de l'angle A e, à 4 mètres du point e au point k, ainsi de suite jusqu'à la dernière ligne B C. Cette

13

première opération terminée, on fixera tous les autres points à 8 mètres les uns des autres.

On voit que la plantation en quinconce est telle que chaque arbre est entouré de six autres arbres placés à une distance de 8 mètres les uns des autres.

Nota. — Une tringle de bois de 8 et de 4 mètres de long offrirait plus de précision qu'une chaîne ou une corde.

Veut-on s'assurer s'il y a 8 mètres du point A au point k? La base du triangle et la perpendiculaire étant connues, il sera facile de s'en convaincre en suivant la méthode indiquée au n° 4.

Rapport du Diamètre à la Circonférence, et réciproquement.

Si l'on porte la longueur du diamètre sur celle de la circonférence, on voit que cette longueur du diamètre n'est pas exactement contenue dans celle de la circonférence.

Archimède a trouvé que la circonférence contient trois fois le diamètre, plus 1/7e de ce diamètre.

Métius a trouvé qu'une circonférence d'une longueur de 355 unités a un diamètre de 113 unités. Si l'on réduit la fraction $\frac{355}{113}$ en nombre décimal on a 3,14159, et en forçant d'une unité la quatrième décimale on a 3,1416 pour rapport qu'on nomme *pi;* c'est-à-dire que la circonférence contient, d'après Métius, trois fois le diamètre, plus 1416 dix-millièmes de ce diamètre (à un dix-millième près).

Maintenant si l'on veut établir le rapport du diamètre à la circonférence, on a la fraction $\frac{113}{355} = 0,3183$.

Lorsqu'on connaît la longueur du diamètre, on la multiplie par 3,1416 pour avoir celle de la circonférence. Ainsi un diamètre de 4 mètres $\times$ 3,1416 $=$ 12m,5664 de circonférence.

De même, pour trouver la longueur du diamètre, celle de la circonférence étant connue, on multiplie cette dernière par

0,3183 — une circonférence de 12 mètres $\times$ 0,3183 = 3^m,82 de diamètre, à moins d'un centième près.

Surface du Cercle.

Le cercle pouvant être regardé comme un polygone d'un nombre infini de côtés, peut, par conséquent, être décomposé en triangles, ayant tous leur sommet au centre et leur base en un point de la circonférence.

Donc, pour obtenir la surface d'un cercle, on multipliera la longueur de la circonférence par la moitié du rayon, ou l'on multipliera le carré du rayon par 3,1416.

Problème 38.

Quelle doit-être la surface d'un cercle dont le diamètre est d'une longueur de 12 mètres et par conséquent le rayon de 6 mètres.

SOLUTION :

12^m $\times$ 3,1416 = 37 mètres 7 décim. de circonférence.

1re *manière :* $\dfrac{6^m \times 37,7}{2} = \dfrac{2262}{2} = 113^m,10$ centim.

2e *manière :* 36 $\times$ 3,1416 = 113^m,10.

Problème 39.

On propose de déterminer la capacité d'une citerne qui a 3 mètres de diamètre et 6 mètres 5 décimètres de hauteur.

SOLUTION :

3^m $\times$ 3,1416 = 9^m,4248 ou 9 mètres 4 décimètres de circonférence.

Le diamètre étant de 3 mètres, le rayon est de 1^m,5.

Surface : $\dfrac{1,5 \times 9,4}{2} = 7^m,05.$

7^m,05 $\times$ 6,5 = 45,825 ou 45 mèt. cubes plus 825 décim. cubes.

MÉTHODE

Pour convertir les anciennes Mesures agricoles en nouvelles, et réciproquement,

Tant qu'il existera d'anciens titres et d'anciens plans, on sera toujours dans la nécessité de convertir les anciennes mesures locales en nouvelles, pour qu'on puisse faire l'application de ces titres; il en sera de même des plans pour reconnaître les anciennes mesures.

Supposons, par exemple, que le journal d'une localité soit de 75 verges ou perches, d'une longueur de 22 pieds 8 pouces, qu'il soit représenté par 40 ares 66 centiares, et qu'on veuille avoir un rapport unitaire entre ces deux différentes mesures pour convertir les ares en verges ou perches. On divisera les 75 verges par 40 ares 66 centiares et le quotient 1,8445 représentera l'ancienne mesure comparativement à l'are, c'est-à-dire que l'are égale 1 verge 84 centièmes 45 dix-millièmes. Ainsi pour convertir des ares en verges, on les multipliera par 1,8845.

Si, au contraire, on veut avoir le rapport entre la mesure métrique et la mesure locale, on divisera 40 ares 66 centiares par 75 et l'on aura au quotient 0,5421.

Ainsi pour convertir 50 verges en mesure métrique, on les multipliera par 0,5421 et l'on aura un produit de 27 ares 10 centiares.

Maintenant si l'on veut connaître en mesure métrique la

longueur de la chaîne locale de 22 pieds 8 pouces, représentée par 0,5421, on extraira la racine carrée de 0,5421 et la racine sera de 7 mètres 362 millimètres à moins d'un millième près.

Ainsi, si un ancien plan porte 14 chaînes 78 centièmes d'un point à un autre, on les multipliera par 7 mètres 362, et le produit 108 mètres 81 centimètres représentera cette distance en mesure métrique.

TABLE DES NOMBRES CARRÉS

Depuis 1 jusqu'à 1,000,000.

Les Racines commençant aussi par 1 et finissant par 1,000.

Cette table dont l'utilité est très-avantageuse pour abréger les calculs dans la division des terres, comprend deux colonnes, la première contenant les racines, et la seconde, les carrés.

Si, par exemple, on veut connaître le carré du nombre 75, on trouvera en regard et sur la droite le nombre 5625, représentant ce carré.

Si, au contraire, on veut connaître la racine du nombre 9216, on cherchera ce nombre dans la colonne des carrés, et l'on trouvera le nombre 96 qui en est la racine.

Maintenant supposons qu'on ait à extraire la racine carrée du nombre 796485 qui ne se trouve pas dans la table; dans ce cas on cherchera dans la table le nombre qui lui est immédiatement inférieur; on trouvera que ce nombre est 795664 dont la racine est 892. Si l'on veut avoir cette racine à moins d'un dix-millième près, on ôtera le nombre 795664 du nombre proposé 796485 et le reste sera de 821. On ôtera ensuite ce même nombre 795664 du nombre suivant 797440 et le reste sera de 1776. On divisera le premier reste 821 auquel on ajoutera un zéro par le deuxième reste 1776, et l'on aura au quotient le nombre 4 que l'on portera à la suite de la racine trouvée. Ainsi on aura 8924 pour la racine du nombre 796485 qui ne se trouve pas dans la table.

Racines.	Carrés.	Racines.	Carrés.	Racines	Carrés	Racines	Carrés.	Racines	Carrés.
1	1	51	2601	101	10201	151	22801	201	40401
2	4	52	2704	102	10404	152	23104	202	40804
3	9	53	2809	103	10609	153	23409	203	41209
4	16	54	2916	104	10816	154	23716	204	41616
5	25	55	3025	105	11025	155	24025	205	42025
6	36	56	3136	106	11236	156	24336	206	42436
7	49	57	3249	107	11449	157	24649	207	42849
8	64	58	3364	108	11664	158	24964	208	43264
9	81	59	3481	109	11881	159	25281	209	43681
10	100	60	3600	110	12100	160	25600	210	44100
11	121	61	3721	111	12321	161	25921	211	44521
12	144	62	3844	112	12544	162	26244	212	44944
13	169	63	3969	113	12769	163	26569	213	45369
14	196	64	4096	114	12996	164	26896	214	45796
15	225	65	4225	115	13225	165	27225	215	46225
16	256	66	4356	116	13456	166	27556	216	46656
17	289	67	4489	117	13689	167	27889	217	47089
18	324	68	4624	118	13924	168	28224	218	47524
19	361	69	4761	119	14161	169	28561	219	47961
20	400	70	4900	120	14400	170	28900	220	48400
21	441	71	5041	121	14641	171	29241	221	48841
22	484	72	5184	122	14884	172	29584	222	49284
23	529	73	5329	123	15129	173	29929	223	49729
24	576	74	5476	124	15376	174	30276	224	50176
25	625	75	5625	125	15625	175	30625	225	50625
26	676	76	5776	126	15876	176	30976	226	51076
27	729	77	5929	127	16129	177	31329	227	51529
28	784	78	6084	128	16384	178	31684	228	51984
29	841	79	6241	129	16641	179	32041	229	52441
30	900	80	6400	130	16900	180	32400	230	52900
31	961	81	6561	131	17161	181	32761	231	53361
32	1024	82	6724	132	17424	182	33124	232	53824
33	1089	83	6889	133	17689	183	33489	233	54289
34	1156	84	7056	134	17956	184	33856	234	54756
35	1225	85	7225	135	18225	185	34225	235	55225
36	1296	86	7396	136	18496	186	34596	236	55696
37	1369	87	7569	137	18769	187	34969	237	56169
38	1444	88	7744	138	19044	188	35344	238	56644
39	1521	89	7921	139	19321	189	35721	239	57121
40	1600	90	8100	140	19600	190	36100	240	57600
41	1681	91	8281	141	19881	191	36481	241	58081
42	1764	92	8464	142	20164	192	36864	242	58564
43	1849	93	8649	143	20449	193	37249	243	59049
44	1936	94	8836	144	20736	194	37636	244	59536
45	2025	95	9025	145	21025	195	38025	245	60025
46	2116	96	9216	146	21316	196	38416	246	60516
47	2209	97	9409	147	21609	197	38809	247	61009
48	2304	98	9604	148	21904	198	39204	248	61504
49	2401	99	9801	149	22201	199	39601	249	62001
50	2500	100	10000	150	22500	200	40000	250	62500

Racines	Carrés	Racines	Carrés	Racines	Carrés	Racines	Carrés	Racines	Carrés
251	63001	301	90601	351	123201	401	160801	451	203401
252	63504	302	91204	352	123904	402	161604	452	204304
253	64009	303	91809	353	124609	403	162409	453	205209
254	64516	304	92416	354	125316	404	163216	454	206116
255	65025	305	93025	355	126025	405	164025	455	207025
256	65536	306	93636	356	126736	406	164836	456	207936
257	66049	307	94249	357	127449	407	165649	457	208849
258	66564	308	94864	358	128164	408	166464	458	209764
259	67081	309	95481	359	128881	409	167281	459	210681
260	67600	310	96100	360	129600	410	168100	460	211600
261	68121	311	96721	361	130321	411	168921	461	212521
262	68644	312	97344	362	131044	412	169744	462	213444
263	69169	313	97969	363	131769	413	170569	463	214369
264	69696	314	98596	364	132496	414	171396	464	215296
265	70225	315	99225	365	133225	415	172225	465	216225
266	70756	316	99856	366	133956	416	173056	466	217156
267	71289	317	100489	367	134689	417	173889	467	218089
268	71824	318	101124	368	135424	418	174724	468	219024
269	72361	319	101761	369	136161	419	175561	469	219961
270	72900	320	102400	370	136900	420	176400	470	220900
271	73441	321	103041	371	137641	421	177241	471	221841
272	73984	322	103684	372	138384	422	178084	472	222784
273	74529	323	104329	373	139129	423	178929	473	223729
274	75076	324	104976	374	139876	424	179776	474	224676
275	75625	325	105625	375	140625	425	180625	475	225625
276	76176	326	106276	376	141376	426	181476	476	226576
277	76729	327	106929	377	142129	427	182329	477	227529
278	77284	328	107584	378	142884	428	183184	478	228484
279	77841	329	108241	379	143641	429	184041	479	229441
280	78400	330	108900	380	144400	430	184900	480	230400
281	78961	331	109561	381	145161	431	185761	481	231361
282	79524	332	110224	382	145924	432	186624	482	232324
283	80089	333	110889	383	146689	433	187489	483	233289
284	80656	334	111556	384	147456	434	188356	484	234256
285	81225	335	112225	385	148225	435	189225	485	235225
286	81796	336	112896	386	148996	436	190096	486	236196
287	82369	337	113569	387	149769	437	190969	487	237162
288	82944	338	114244	388	150544	438	191844	488	238144
289	83521	339	114921	389	151321	439	192721	489	239121
290	84100	340	115600	390	152100	440	193600	490	240100
291	84681	341	116281	391	152881	441	194481	491	241081
292	85264	342	116964	392	153664	442	195364	492	242064
293	85849	343	117649	393	154449	443	196249	493	243049
294	86436	344	118336	394	155236	444	197136	494	244036
295	87025	345	119025	395	156025	445	198025	495	245025
296	87616	346	119716	396	156816	446	198916	496	246016
297	88209	347	120409	397	157609	447	199809	497	247009
298	88804	348	121104	398	158404	448	200704	498	248004
299	89401	349	121801	399	159201	449	201601	499	249001
300	90000	350	122500	400	160000	450	202500	500	250000

Racines	Carrés.	Racines.	Carrés.	Racines	Carrés.	Racines.	Carrés.	Racines.	Carrés.
501	251001	551	303601	601	361201	651	423801	701	491401
502	252004	552	304704	602	362404	652	425104	702	492804
503	253009	553	305809	603	363609	653	426409	703	494209
504	254016	554	306916	604	364816	654	427716	704	495616
505	255025	555	308025	605	366025	655	429025	705	497025
506	256036	556	309136	606	367236	656	430336	706	498436
507	257049	557	310249	607	368449	657	431649	707	499849
508	258064	558	311364	608	369664	658	432964	708	501264
509	259081	559	312481	609	370881	659	434281	709	502681
510	260100	560	313600	610	372100	660	435600	710	504100
511	261121	561	314721	611	373321	661	436921	711	505521
512	262144	562	315844	612	374544	662	438244	712	506944
513	263169	563	316969	613	375769	663	439569	713	508369
514	264196	564	318096	614	376996	664	440896	714	509796
515	265225	565	319225	615	378225	665	442225	715	511225
516	266256	566	320356	616	379456	666	443556	716	512656
517	267289	567	321489	617	380689	667	444889	717	514089
518	268324	568	322624	618	381924	668	446224	718	515524
519	269361	569	323761	619	383161	669	447561	719	516961
520	270400	570	324900	620	384400	670	448900	720	518400
521	271441	571	326041	621	385641	671	450241	721	519841
522	272484	572	327184	622	386884	672	451584	722	521284
523	273529	573	328329	623	388129	673	452929	723	522729
524	274376	574	329476	624	389376	674	454276	724	524176
525	275625	575	330625	625	390625	675	455625	725	525625
526	276676	576	331776	626	391876	676	456976	726	527076
527	277729	577	332929	627	393129	677	458329	727	528529
528	278784	578	334084	628	394384	678	459684	728	529984
529	279841	579	335241	629	395641	679	461041	729	531441
530	280900	580	336400	630	396900	680	462400	730	532900
531	281961	581	337561	631	398161	681	463761	731	534361
532	283024	582	338724	632	399424	682	465124	732	535824
533	284089	583	339889	633	400689	683	466489	733	537289
534	285156	584	341056	634	401956	684	467856	734	538756
535	286225	585	342225	635	403225	685	469225	735	540225
536	287296	586	343396	636	404496	686	470596	736	541696
537	288369	587	344569	637	405769	687	471969	737	543169
538	289444	588	345744	638	407044	688	473344	738	544644
539	290521	589	346921	639	408321	689	474721	739	546121
540	291600	590	348100	640	409600	690	476100	740	547600
541	292681	591	349281	641	410881	691	477481	741	549081
542	293764	592	350464	642	412164	692	478864	742	550564
543	294849	593	351649	643	413449	693	480249	743	552049
544	295936	594	352836	644	414736	694	481636	744	553536
545	297025	595	354025	645	416025	695	483025	745	555025
546	298116	596	355216	646	417316	696	484416	746	556516
547	299209	597	356409	647	418609	697	485809	747	558009
548	300304	598	357604	648	419904	698	487204	748	559504
549	301401	599	358801	649	421201	699	488601	749	561001
550	302500	600	360000	650	422500	700	490000	750	562500

Racines.	Carrés.	Racines.	Carrés.	Racines	Carrés	Racines	Carrés.	Racines.	Carrés.
751	564001	801	641601	851	724201	901	811801	951	904401
752	565504	802	643204	852	725904	902	813604	952	906304
753	567009	803	644809	853	727609	903	815409	953	908209
754	568516	804	646416	854	729316	904	817216	954	910116
755	570025	805	648025	855	731025	905	819025	955	912025
756	571536	806	649636	856	732736	906	820836	956	913936
757	573049	807	651249	857	734449	907	822649	957	915849
758	574564	808	652864	858	736164	908	824464	958	917764
759	576081	809	654481	859	737881	909	826281	659	919681
760	577600	810	656100	860	739600	910	828100	960	921600
761	579121	811	657721	861	741321	911	829921	961	923521
762	580644	812	659344	862	743044	912	831744	962	925444
763	582169	813	660969	863	744769	913	833569	963	927369
764	583696	814	662596	864	746496	914	835396	964	929296
764	585225	815	664225	865	748225	915	837225	965	931225
766	586756	816	665856	866	749956	916	839056	966	933156
767	588289	817	667489	867	751689	917	840889	967	935089
768	589824	818	669124	868	753424	918	842724	968	937024
769	591361	819	670761	869	755161	919	844561	969	938961
770	592900	820	672400	870	756900	920	846400	970	940900
771	594441	821	674041	871	758641	921	848241	971	942841
772	595984	822	675684	872	760384	922	850084	972	944784
773	597529	823	677329	873	762129	923	851929	973	946729
774	599076	824	678976	874	763876	924	853776	974	948676
775	600625	825	680625	875	765625	925	855625	975	950625
776	602176	826	682276	876	767376	926	857476	976	952576
777	603729	827	683929	877	769129	927	859329	977	954529
778	605284	828	685584	878	770884	928	861184	978	956484
779	606841	829	687241	879	772641	929	863041	979	958441
780	608400	830	688900	880	774400	930	864900	980	960400
781	609961	831	690561	881	776161	931	866761	981	962361
782	611524	832	692224	882	777924	932	868624	982	964324
783	613089	833	693889	883	779689	933	870489	983	966289
784	614656	834	695556	884	781456	934	872356	984	968256
785	616225	835	697225	885	783225	935	874225	985	970225
786	617796	836	698896	886	784996	936	876096	986	972196
787	619369	837	700569	887	786769	937	877969	987	974169
788	620944	838	702244	888	788544	938	879844	988	976144
789	622521	839	703921	889	790321	939	881721	989	978121
790	624100	840	705600	890	792100	940	883600	990	980100
791	625681	841	707281	891	793881	941	885481	991	982081
792	627264	842	708964	892	795664	942	887364	992	984064
793	628849	843	710649	893	797449	943	889249	993	986049
794	630436	844	712336	894	799236	944	891136	994	988036
795	632025	845	714025	895	801025	945	893025	995	990025
796	633616	846	715716	896	802816	946	894916	996	992016
797	635209	847	717409	897	804609	947	896809	997	994009
798	636804	848	719104	898	806404	948	898704	998	996004
799	638401	849	720801	899	808201	949	900601	999	998001
800	640000	850	722500	900	810000	950	902500	1000	1000000

ERRATA.

Page 4, ligne 17, *au lieu de*: 1ʰ 01ᵃ 07ᶜ 07, *lisez*: 1ʰ 01ᵃ 67ᶜ 07.

Page 4, lignes 18 et 19, *au lieu de*: 1ʰ 31ᵃ 07ᶜ 07, *lisez*: 1ʰ 31ᵃ 67ᶜ 07.

Page 4, ligne 23, *au lieu de*: l'égal, *lisez*: égal.

Page 6, ligne 6, *au lieu de*: A E *f j*, *lisez*: A D *f j*.

Page 6, ligne 17, *au lieu de*: 229ᵐ,3, *lisez*: 229ᵐ,2.

Page 11, ligne 25, *au lieu de*: 25ᵐ,24, *lisez*: 25ᵐ,34.

Page 12, ligne 15, *au lieu de*: *v* à C, *lisez*: de *v* à C.

Page 12, ligne 22, *au lieu de*: C D et l'hypothénuse, *lisez*: et l'hy-pothénuse C D.

Page 13, ligne 12, *au lieu de*: ce rapport, *lisez*: le rapport.

Page 17, ligne 6, *au lieu de*: 31ᵐ,3, *lisez*: 31ᵐ,4.

Page 17, ligne 11, *au lieu de*: $\dfrac{133,9}{167,0}$, *lisez*: $\dfrac{133,9}{157,0}$

Page 18, ligne 1ʳᵉ, *au lieu de*: 19ᵐ,11, *lisez*: 19ᵐ,43.

Page 18, ligne 5, *au lieu de*: 151ᵐ,73, *lisez*: 151ᵐ,74.

Page 20, ligne 13, *au lieu de*: le segment A E, *lisez*: le segment auxiliaire A E.

Page 20, ligne 14, *au lieu de*: le segment B F, *lisez*: le segment auxiliaire B F.

Page 20, ligne 17, *au lieu de*: qu'on veut prendre, *lisez*: qu'on voudra prendre.

Page 20, ligne 22, *au lieu de*: co-partageants, *lisez*: copartageants.

Page 22, ligne 22, *au lieu de*: 130,52, *lisez*: 130,32.

Page 22, ligne 25, *au lieu de*: 161,69, *lisez*: 161,59.

Page 22, ligne 25, *au lieu de*: 161,62, *lisez*: 161,59.

Page 25, ligne 27, *au lieu de :* 183,2, *lisez :* 184,2.

Page 29, ligne 17, *au lieu de :* 27ᵘ 50, *lisez :* 27ᵘ 59.

Page 30, ligne 11, *au lieu de :* 2.315, *lisez :* 2,225.

Page 30, ligne 15, *au lieu de :* 32,26, *lisez :* 32,66.

Page 46, ligne 12, *au lieu de :* qu'on aura obtenu, *lisez :* qu'on a obtenu.

Page 54, ligne 13, *au lieu de :* g h e D, *lisez :* g h C D.

Page 56, ligne 1ʳᵉ, *au lieu de :* partir de l'angle A, *lisez :* partir de l'angle C.

Page 57, ligne 21, *au lieu de :* perpendiculaire D i, *lisez :* perperdiculaire D h.

Page 76, ligne 1ʳᵉ, *au lieu de :* quadrilatère Q R S T V, *lisez :* triangle Q A B.

Page 91, figure 33, *au lieu de :* sur lequel existe différents corps de bâtiments ruraux, *lisez :* sur lequel il existe, etc.

TABLE

Des Matières contenues dans ce Volume.

—

Abbeville, Imp. P. BRIEZ.

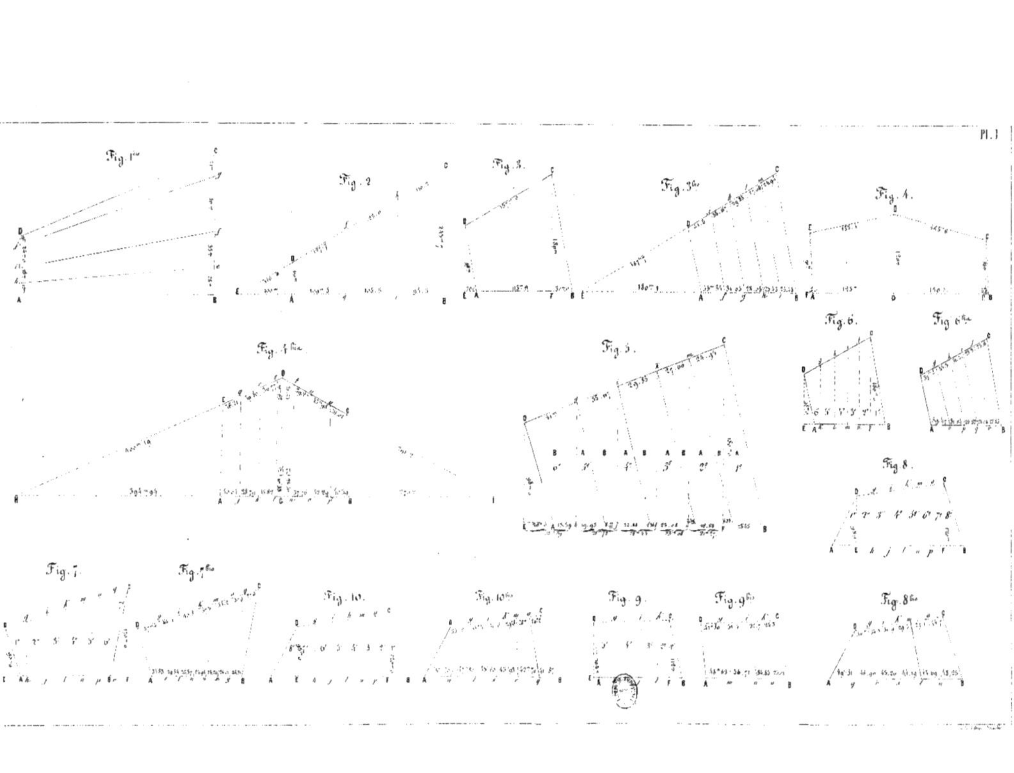

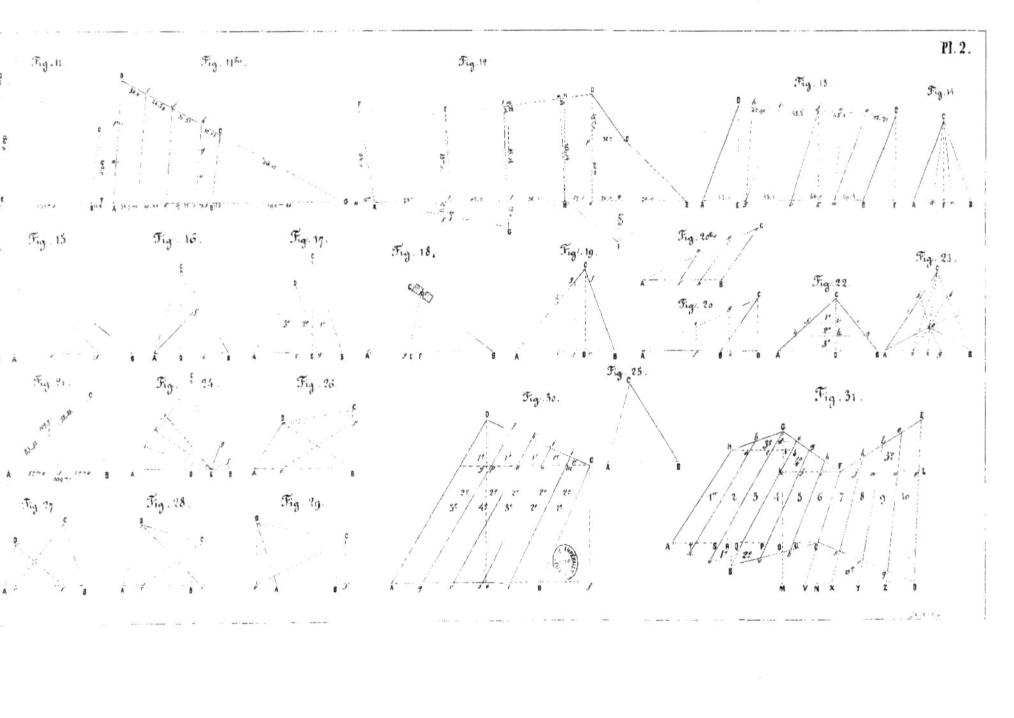

Fig. 11.
Fig. 11 bis.
Fig. 12.
Fig. 13.
Fig. 14.
Fig. 15.
Fig. 16.
Fig. 17.
Fig. 18.
Fig. 19.
Fig. 20 bis.
Fig. 20.
Fig. 21.
Fig. 22.
Fig. 23.
Fig. 24.
Fig. 25.
Fig. 26.
Fig. 27.
Fig. 28.
Fig. 29.
Fig. 30.
Fig. 31.

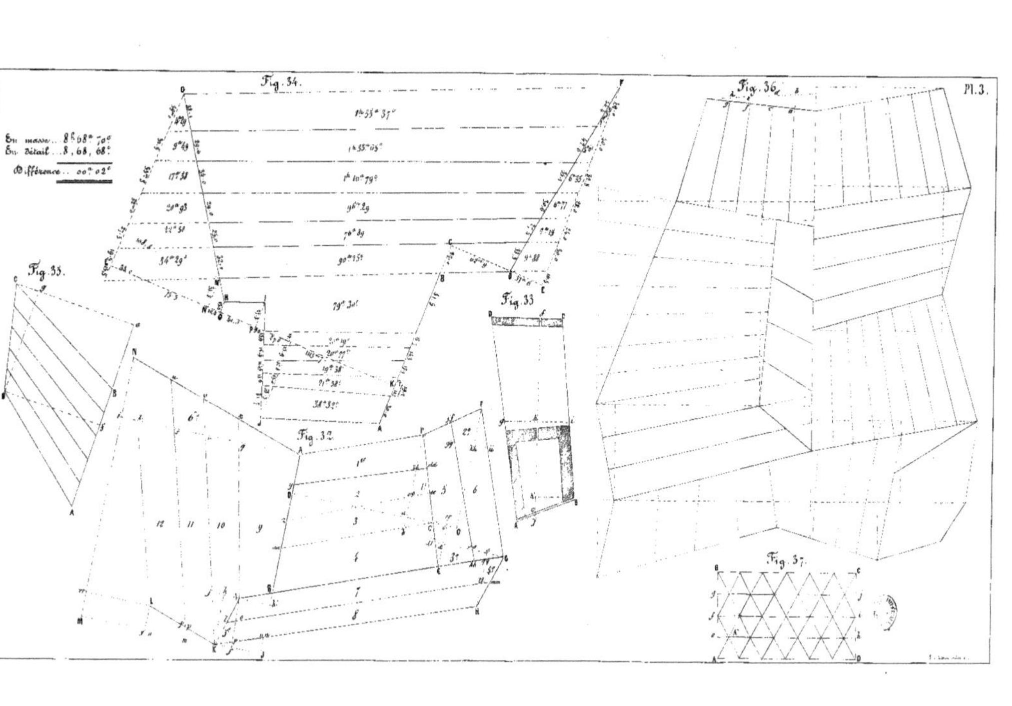